核安全技术丛书

核电三维协同设计与管理平台研发及应用

周志钢　毛　峰　周向阳　等　编著

中国原子能出版社

图书在版编目(CIP)数据

核电三维协同设计与管理平台研发及应用 / 周志钢等编著. — 北京 : 中国原子能出版社, 2021.2

ISBN 978-7-5221-1532-0

Ⅰ. ①核… Ⅱ. ①周… Ⅲ. ①核电厂-三维-设计-研究 Ⅳ. ①TM623.1

中国版本图书馆 CIP 数据核字(2021)第174166号

内容简介

华龙一号是中国自主设计的核电堆型，承担着中国核电自主发展和走出去的重任，是国家在核电行业的关键布局。

为打造华龙一号的标杆产品，在华龙一号应用项目的设计过程中，深圳中广核工程设计有限公司对设计质量和效率特别关注，采取了一系列手段加强质量和效率管理，特别是信息化技术的产品的深度应用，极大的提升了设计质量和工作效率，同时也降低了设计成本。

本书将介绍华龙一号三维协同设计与管理平台从策划、建设、实施、再创新优化、推广应用、未来思考与展望等内容，重点介绍平台组成，建设经验反馈，设计与信息技术融合典型案例，协同基础与机制，推广应用情况及信息化所带来的收益等，为类似工程设计领域的信息化建设与引领提供借鉴，贡献中广核方案。

核电三维协同设计与管理平台研发及应用

出版发行 中国原子能出版社(北京市海淀区阜成路 43 号 100048)
责任编辑 付 凯
装帧设计 赵 杰
责任校对 冯莲凤
责任印制 潘玉玲
印　　刷 河北宝昌佳彩印刷有限公司
经　　销 全国新华书店
开　　本 787 mm×1092 mm 1/16
印　　张 9. 5
字　　数 238 千字
版　　次 2021 年 2 月第 1 版 2021 年 2 月第 1 次印刷
书　　号 ISBN 978-7-5221-1532-0 **定　　价** **48. 00** 元

网址:http://www. aep. com. cn **E-mail:atomep123@126. com**
发行电话: 010-68452845

《核电三维协同设计与管理平台研发及应用》

编　著　者

周志钢　毛　峰　周向阳

龚小成　王　浩　关利华

丛书序言

原子的发现和核能的开发利用给人类社会发展带来新的动力，极大增强人类认识世界和改造世界的能力，与此同时，核能发展也伴随着核安全风险和挑战，人类要更好利用核能、实现更大发展，必须创新核技术、确保核安全。核安全是核能事业发展的生命线，是核能长期发展的重要保障。

党的十八大以来，中国的核安全事业进入安全高效发展的新时期。习近平主席提出理性、协调、并进的核安全观，强调发展和安全并重，倡导打造全球核安全命运共同体，为新时期中国核安全发展指明了方向，为推进核能开发利用国际合作、实现全球持久核安全提供了中国方案。

截至 2020 年 8 月底，我国运行核电机组达到 47 台，总装机容量为 4875 万千瓦，仅次于美国和法国，位于全球第三位。2020 年 9 月 2 日，李克强总理主持召开国务院常务会议，核准海南昌江核电二期工程和浙江三澳核电一期工程，由此，我国在建核电机组数量提升为 17 台，在建机组装机容量持续保持全球第一。

确保我国核能健康发展，创新核安全技术是必经之路。为了解决制约自主化发展的核心技术瓶颈问题，推动我国核能技术水平的持续提高和创新，促进向核能强国的跨越，核电安全监控技术与装备国家重点实验室围绕安全三要素——“物的不安全状态、人的不安全行为、环境影响”，通过开展核电安全状态及其量化评估研究、核电风险预警与事故防控研究、人因可靠性与人机交互研究、核电装备服役安全研究四个方向的研究，突破“瓶颈与关键技术，开展前瞻性、创新性研究，从基础研究、重大共性关键技术研究到示范应用全链条布局，取得了系列成果。

为总结五年建设期间的宝贵经验，提炼关键技术，传播科学文化，国家重点实验室组织出版“核安全技术”系列丛书。本丛书共计 12 册，涉及核电安全状态及其量化评估、核电风险预警与事故防控、人因可靠性与人机交互及核电装备服役安全研究四个方面，主要内容如下：

《核电数字化仪控系统仿真验证技术》：主要基于核电数字化仪控系统仿真验证团队仿真与验证技术研究与工程应用实践成果，结合“华龙一号”工程建设需求，详细介绍了我国二代、二代改进型和自主三代压水堆核电机组的数字化仪控系统设计、制造和调试阶段的验证测试平台、验证技术和工程实践，并对实验室近年在数据同化、在线仿真等核能领域先进的仿真验证技术进行了阐述。

《核电厂在线监测与诊断技术》：分别描述了核电厂疲劳监测、泄漏监测、松脱部件监测、转动机械监测以及地震自动停堆技术，旨在建立基于在线监测数据与智能诊断技术的核电厂重要设备的全生命周期动态管理体系，实现设备性能退化趋势和剩余寿命的精确预测，为前瞻性的设备老化管理、维护维修管理及 CBM/PHM 技术在核电领域的全面应用提供技术基础。

《滨海核电厂冷源保障技术研究与创新》：围绕核电厂取排水方案设计基础资料、设计原则、设计要点、研究专题、相关系统及子项，对各核电项目的冷源设计创新成果进行了分析和总结，形成了冷源设计的理论及实践成果。

《基于振动的核电厂设备状态监测与故障诊断应用》：基于设备振动信号的监测与设备运行状态评价，围绕振动测量、信号处理、故障表征及监测装置原理，介绍了核电厂设备故障诊断的一般方法和典型设备和构成部件的振动故障诊断原理以及案例，并进一步介绍了智能诊断的实现方法和案例，形成了核电厂构建设备振动状态监测与故障诊断应用实践方法。

《核电三维协同设计与管理平台研发及应用》：基于中广核三维协同设计与管理的良好实践，围绕解决"华龙一号"示范项目三维协同设计与管理面临的新挑战，从构建协同设计体系、提升平台应用性能、开创多专业三维数字化协同方式、研发成系列首创性设计工具等多个方面，全方位总结了三维协同设计与管理平台的研发与应用历程，形成了中广核三维协同设计与管理系统性解决方案。

《人因工程在核电厂工程设计中的应用》：基于核电厂主控室人因工程分析和人机接口设计工作经验，围绕人因工程基础知识、核电厂人因工程应用发展历史、人因工程分析、人机接口设计，以及人因工程验证和确认等设计创新成果进行分析和总结，形成了核电厂人因工程分析和设计的理论及实践成果。

《核电站人因失误防范理论、技术与应用》：基于核电站防人因失误工程实践经验与张力教授团队在核电站人因可靠性领域的基础理论研究成果，以核电站人因失误防范理论与技术体系的系统构建为目标，以核电站全寿命周期(核电站设计、施工、调试、运行与维修等)中的人因失误防范为切入点，系统地阐述我国核电站人因失误防范的基础理论、技术方法与工程应用等。

《核电厂数字化仪控系统》：基于核电先进测控技术及其可靠性设计的工作经验，围绕核电厂数字化控制系统的发展历程、数字化仪控系统设计要求、核电厂仪控平台选型，核电厂数字化仪控系统以及核电厂数字化改造技术进行分析和总结，形成了核电厂数字化仪控系统设计的理论和实践成果。

《核电厂无线通信系统技术研究与应用》：基于核电厂无线通信系统核电厂无线通

信系统理论研究与工程实践经验相结合，从核电厂用户需求、国家标准规范要求、无线通信技术、电磁兼容、网络信息安全等方面对核电厂无线通信技术进行研究，结合工程实践总结，形成了核电厂无线通信系统技术理论及实践成果。

《核电站设备特种修复技术》：基于核电站设备设计、研发及运维工程经验，围绕回火焊道技术、Overlay 堆焊技术、激光再制造技术、补板修复技术，以及端塞修复技术、封口焊缝损伤修复技术、安全壳钢衬里修复技术等创新成果进行分析和总结，形成了核电站设备特种修复的理论及实践成果。

《在役核电厂管道缺陷评价与处置》：基于核电厂管道缺陷力学分析评价和处置的工作经验，围绕断裂力学与疲劳分析基础知识、核电厂管道缺陷修复和破裂预防监测等设计创新成果进行分析和总结，形成了核电厂管道缺陷分析评价与处置方法总结及实践成果。

《核电厂安全相关混凝土结构研究》：通过开展了大量的调查和设计理论、可靠度、结构分析、截面设计、耐久性、超设计基准评估等各类专项研究，充分吸收国内外现行混凝土设计、施工及验收方面相关标准最新成果，系统总结了我国核电厂混凝土结构研究、设计、验收及检测工作中的工程实践经验。

本丛书是对国家重点实验室建设过程中所取得的部分研究成果的工作总结，是集体智慧结晶，希望本丛书的出版能增强广大公众对核科学技术、核安全的认识，薪火相传，促进我国核能、核科技事业的健康可持续发展。

丛书编委会

前　言

“华龙一号”是中国自主设计的三代技术核电堆型，承担着中国核电自主发展和“走出去”的重任。

为打造“华龙一号”标杆工程，满足中广核“华龙一号”首堆工程建设实际需求，在“华龙一号”研发与设计过程中，中广核工程有限公司以保障质量与提升效率为目标，采取了一系列创新性举措，特别是应用各类信息化技术手段以满足设计实用需求，极大地提升了设计质量和工作效率，同时也可降低项目风险和工程成本，顺应了安全、高质、经济的核电发展要求。

本书将介绍“华龙一号”三维协同设计与管理平台的策划、建设、实施，及其创新优化、推广应用、未来思考与展望等内容，重点介绍应用体系构建、平台建设经验反馈、协同机制与方法创新、推广应用情况及其所带来的收益等，为大型复杂工程的数字化设计与平台研发应用提供借鉴。

本书是对中广核三维协同设计与管理平台的研发成果与应用实践的经验总结，共分5个章节：

第1章回顾了三维协同设计与管理面临的新挑战。首先分析了核电信息化设计发展趋势，提出了三维协同设计与管理作为一种全新的工作方式，所面临的新挑战。然后小结了中广核三维协同设计的历史经验和不足反思，思考如何提高三维布置设计和协同效率，如何能让三维模型发挥更大作用，从而全面实现核电工程全专业数字化布置设计。最后论述了如何适应“华龙一号”首堆正向设计要求，研发建设三维协同设计与管理平台，并预判了平台研发的相关难点，如平台应用性能有待检验，模型质控手段需要完善，多专业协同模式如何形成，出图工作效率亟待提升等。

第2章介绍核电三维协同设计与管理平台体系建设方案与规划。逐项分析了“华龙一号”示范项目三维协同设计与管理面临的主要挑战，重点介绍了如何构建三维协同设计体系框架，提出了以“一个平台为核心，两化融合为目标，三级程序搭框架，四大板块共协同，五大要素融三维，六大控制助华龙”的总体建设思想，为“华龙一号”项目三维协同设计建章立制。

第3章介绍三维协同设计与管理平台技术研发过程。全面论述了中广核从正向设计全生命周期入手考虑，在三维设计体系、协同工作机制、智能化设计工具、模型多领域应用等方面进行深入研究，稳步创建以数据和模型为核心的核电三维协同设计方法与应用体系：编制覆盖设计全专业、全过程的协同设计管控程序，提出复杂并行设计条件下的多专业协同流程数字化、设计成果的平台化移交等方法；构建一体化的数字化设计环境和数据载体，制定多专业显性化设计流程控制机制，解决核电设计多地域/多专业协同难、成果数据碎片化等难题；提出基于技术状态管理的三维设计方法论，解决三维协同设计数据交互关键技术，实现模型设计数据在不同设计阶段和设计工具间高效交互目标；开发三维在线提资、可视化电缆敷设等首创性设计工具，攻克三维设计模型的二维快捷出图关键技术，解决多样化设计工具及其异构数据离散等传统难题；基于大数据分析方法，创建模型质量自动校验关键技术，研发基于大数据思维的三维模型批量化、自动化质量检查系列软件，提出集成超多设计规则的模型数据自动校验相关算法，创新三维设计的质量检查手段，解决人工校核疏漏的难题，显著减少各类设计差错。

第 4 章介绍三维协同设计与管理平台相关研究与应用成果。首先介绍了行业主管部门、外部权威媒体对中广核建成我国最大、最完成的三维布置协同设计平台的评价和报道，肯定了中广核在我国核电行业信息化设计领域做出的贡献。然后介绍了大型项目全专业、多地域三维协同设计的成果，并以大宗材料管理为例，小结了大宗材料精细化管控的良好实践。最后介绍了三维设计数据的拓展应用，特别是在仿真验证方面的应用，如数字迭代-提供可视化设计验证手段，虚实融合-现场施工辅助决策支持，沙盘推演-运维检修虚拟练兵实例，多视角展现了其服务工程的显著价值。

第 5 章介绍三维协同设计与管理平台应用创新展望。展望了核电信息化设计在各种新兴技术推动下的发展场景，如智能布置、语音交互及云设计、人工智能设计评价体系、虚实结合设计、三维设计成果直接交付与创新应用，可视化施工、数字化交付等。

本书由中广核工程有限公司核电安全监控技术与装备国家重点实验室牵头编制，周志钢、毛峰等编写第 1 章；毛峰、周向阳等编写第 2 章；龚小成、关利华等编写第 3 章；王浩、郭景昌等编写第 4 章；王浩、单亮等编写第 5 章。全书由周志钢负责统稿，陈卫华、周建秋、罗亚林、张洁、田立成、徐建军在本书的编制过程中提供大量指导工作，孙会参与了本书的文字校核工作，感谢参与本书的编写人员、校核人员、指导人员及其他提供过支持的人员。

在此感谢中广核工程有限公司各级领导及兄弟部门相关领导和专家的大力支持。

本书所涉及的应用领域广泛，限于编者学识水平，书中难免有欠缺、疏漏之处，恳请广大读者批评指正。

周志钢

目录

第一章　三维协同设计与管理面临的新挑战 …… 1
1.1　三维协同体系尚未建立 …… 3
1.1.1　核电中长期发展规划与“华龙一号” …… 3
1.1.2　核电行业信息化设计发展趋势 …… 4
1.1.3　核电布置设计概述 …… 4
1.1.4　三维协同设计的经验和不足 …… 5
1.1.5　“华龙一号”首堆正向设计要求 …… 6
1.2　平台应用性能有待检验 …… 7
1.3　模型质控手段需要完善 …… 8
1.4　多专业协同模式尚未形成 …… 10
1.5　出图工作效率亟待提升 …… 12

第二章　三维协同设计与管理平台体系建设 …… 13
2.1　构建三维协同设计体系 …… 15
2.2　分析平台应用性能瓶颈 …… 17
2.3　策划模型的技术状态管理 …… 21
2.4　开创多专业协同模式 …… 24
2.5　谋划出图工作效率提升 …… 28

第三章　三维协同设计与管理平台技术研发 …… 31
3.1　三维协同体系建设 …… 34
3.1.1　三维协同设计平台应用架构 …… 34
3.1.2　三维设计项目运作规则 …… 35
3.1.3　三维协同设计流程 …… 35
3.1.4　三维设计项目技术细则体系 …… 36
3.1.5　三维协同设计平台搭建 …… 38
3.1.6　三维设计数据库 …… 39

3.1.7 辅助设计系统工具体系 …… 40
3.2 平台响应性能提升 …… 42
3.2.1 平台管理优化 …… 42
3.2.2 平台异地协同设计技术开发 …… 43
3.2.3 平台安全稳定四道防线建设 …… 44
3.3 模型质控系统开发 …… 49
3.3.1 布置设计模型编校审系统开发 …… 49
3.3.2 布置设计数据质量检查系统开发 …… 53
3.4 在线协同系统开发 …… 59
3.4.1 布置设计提资系统研发 …… 59
3.4.2 系统与布置设计协同 …… 61
3.5 多专业出图自动化开发 …… 66
3.5.1 管道轴测图出图技术攻关 …… 66
3.5.2 多专业平面出图技术攻关 …… 72
3.6 大宗材料管理系统开发 …… 79
3.6.1 精益化管理创新 …… 79
3.6.2 管理系统开发 …… 82
3.7 其他专项研发 …… 84
3.7.1 可视化电缆敷设 …… 84
3.7.2 结构三维配筋研发 …… 87
3.7.3 电气 IED 三维设计 …… 95
3.7.4 先进建造技术的融合应用 …… 99
3.7.5 管道力学前处理系统研发 …… 104

第四章 三维协同设计与管理平台应用成果 …… 109
4.1 三维协同设计深入人心 …… 111
4.2 三维异地协同平台颇具规模 …… 115
4.2.1 协同平台建设里程碑 …… 115
4.2.2 大型项目全专业三维协同设计 …… 116
4.2.3 大型项目异地协同 …… 117
4.3 大宗材料管控日趋精细 …… 119
4.4 服务工程价值凸显 …… 120

第五章 三维协同设计与管理平台创新展望 …… 127
5.1 智能化设计 …… 129
5.2 虚实结合设计 …… 132
5.3 三维设计成果直接交付与创新应用 …… 135

参考文献 …… 137

第一章

三维协同设计与管理面临的新挑战

1.1　三维协同体系尚未建立

1.1.1　核电中长期发展规划与“华龙一号”

核能已成为人类使用的重要能源，核电亦是电力工业的重要组成部分。由于核电不造成对大气的污染排放，在人们越来越重视地球温室效应、气候变化的形势下，积极推进核电建设，是我国能源建设的一项重要政策，对于满足经济和社会发展不断增长的能源需求，提升我国综合经济实力、工业技术水平和国际地位，都具有重要的意义。

2007年10月，国务院正式批准了国家发展改革委上报的《核电中长期发展规划（2005—2020年）》（以下简称《规划》），这标识着我国核电发展进入了新阶段。《规划》提出我国的核电发展指导思想和方针是：统一技术路线，注重安全性和经济性，坚持以我为主，中外合作，通过引进国外先进技术，进行消化、吸收再创新，实现核电厂工程设计、设备制造和工程建设与运营管理的自主化，形成批量建设中国自主品牌大型先进压水堆核电厂的综合能力。《规划》要求，到2020年，在引进、消化和吸收新一代百万千瓦级压水堆核电厂工程设计和设备制造技术的基础上，进行再创新，实现自主化，全面掌握先进压水堆核电技术，培育国产化能力，形成较大规模批量化建设中国品牌核电厂的能力。对于核电厂址的选择和保护，要根据核电厂址的要求、依照核电发展规划，严格复核审定，按照核电发展的要求陆续开展工作。各地区各部门应合理安排核电项目和进度，确保我国核电工业健康有序地发展。

三代核电，在福岛核事故之后，以其更高的安全性和更好的经济性，成为世界核电发展的主流。全球多个国家均发展了自己的三代压水堆核电机型，包括俄罗斯VVER、法国EPR、美国AP1000、韩国APR1400。我国不甘落后，也在同步大力发展三代核电，中广核在2010年就启动了“华龙一号”技术自主研发工作，从零开始型号研发，并取得了重大突破。“华龙一号”，不仅名字霸气，内核更为强大，可以承受17级台风，还可以承受9级地震，并且能抵御大型飞机撞击，还能抵御恐怖袭击。龙是中华民族的图腾，我们希望“华龙一号”像龙守护中华民族一样，守护我们的核电安全。1987年我国建立第一座商用核电厂，连同灯泡、螺丝、混凝土都是要进口的，国产化率不足1%，但是到了三代核电技术“华龙一号”，我们拥有自主知识产权。我们用三十年的时间，走过了欧美核电技术六十年的路，中国也是世界上核安保记录最良好的国家之一。“华龙一号”受到了全球的关注，正在被越来越多的国家认可，成为走向世界的名片。

1.1.2 核电行业信息化设计发展趋势

大型工程项目常出现这样的情况，有丰富的项目经验，有很多优秀的人才，也购买了很多最新的软件，但综合效率还是上不来。深层分析原因，主要是碎片化的组织结构以及异构工具的使用，进而导致工作协同和信息沟通出现了问题。如设计部门通常采用各类专业化的工具，如地质、地形、总体、初步设计、管道、应力计算、仿真计算、项目进度、文档管理等。每个专业都仿佛说着自己的语言，表面上各类工具很有针对性且好上手，但是从全院协同和项目全生命周期角度来看，导致了信息不一致、格式不统一、数据关联性缺失、迭代沟通耗时、变更困难等大量的隐性成本和风险。由于设计协同缺失，工程师们要从传统的串行设计转为并行设计显得十分困难，只能单纯地通过增加迭代次数来弥补，这就会造成大量时间浪费在校审和会签上。

因此，要解决上述弊端，必须从工作协同和信息沟通上寻找突破口。无论从内部协同考虑，还是作为现代化工程公司来指导施工和交付、拓展多元化服务领域，一体化、集成化、单一数据源信息平台都是设计院无法回避的选择。

核电厂系统复杂、布局紧凑，其布置设计参与专业多、约束条件多、迭代过程繁杂，对工程可建造性、电厂易运维性的影响大。为解决上述问题，必须主动顺应工程信息化发展趋势，从企业全局、项目整体的观点出发，构架一个适应本公司组织架构与项目发展需求的、以单一数据源为核心的信息平台和三维数字化协同设计体系，这对提升核电设计企业集成创新能力和设计质量，保障核电工程建设顺利推进意义重大。

1.1.3 核电布置设计概述

核电厂布置设计涉及专业众多、各类接口繁多、交互过程复杂，是核电设计中耗费工时最多的活动。三维布置的主要内容包括：土建/钢结构、工艺系统机械设备及管道、通风设备及风管、电气和仪控设备、电缆桥架、仪表管道等。除去这些实体设计内容外，还有房间、防火分区、安装分区、辐射分区等辅助信息需要表达。以管道为例，管道编号、管道特征参数、管路阀门和仪表接口、在线管道附件（法兰、限流孔板、测量孔板、喷淋头等）、支架根部件结构及支架功能、位置、编码、焊缝信息、保温需求及厚度这些信息均要在三维模型中实现数据集成。

如此多专业、如此多的物项需要布置在有限的空间区域内，难免存在很多问题，如最基本的碰撞、布置避让原则，若不采用信息化手段，实现布置设计模型实时完整可见，协同效率必将大打折扣。

发展三维协同设计，正是从核电设计源头，推进供给侧改革，通过资源整合、流程优化，整体提高设计资源利用效率，提高供给结构对需求变化的适应性和灵活性，最终为工程建设的各个业务板块提供更优质的设计服务和支持。三维数字化设计也是提升核电产品核心竞争力的主要手段。三维数字化设计通过效率提升，能够提高核电的经济性，更重要的是通过实施数字化设计，解放生产力，提升安全性与先进性，进而提升核电产品竞争力，并开拓核电厂运行维护阶段的增值服务。

1.1.4　三维协同设计的经验和不足

早在岭澳一期建设期间，中广核集团就引入了国际上主流的三维布置技术平台 PDMS 软件，顺利接收了核岛三维设计成果数据，并利用该平台和数据开展了若干核电建设与运维技术服务工作。2007 年，成立不久的中广核设计院就主动发挥了总体院的统领作用，建立起项目三维异地协同设计平台，将核岛主回路设计分包方核一院、核电现场设计负责方中核二三建设公司纳入其中，掌控相关设计进展和设计成果。2008 年 5 月起，在台山项目实施中，中广核与阿海珐(AREVA)公司建立了横跨欧亚大陆的三维异地协同联合设计平台，共同完成该项目设计出图与现场技术服务。在此过程中，我们全面掌握了三维设计平台精细化管理、三维布置设计过程控制、系统设计/布置设计/物资管理一体化应用等核心能力，并根据设计院的项目组织模式与专业分工特点进行适应性改进与创新，并积极向后续项目应用进行反馈。伴随 CPR 批量化建设，设计院三维布置翻版设计工作也为后续阳江、防城港项目的快速推进发挥了显著作用，特别是依托三维异地协同设计平台将核岛设计分包院、项目现场安装承包商等纳入三维布置设计体系，为施工图设计管理与工程阶段技术服务提供了有效的手段。

中广核设计院通过技术引进消化吸收，在运用三维设计方面进行了很多探索与创新，也解决了很多实际工程设计问题，为核电项目创造了较大的经济效益。但由于 CPR 项目应用局限性，三维设计应用也存在一些难点。

(1)三维设计的功效未充分施展。CPR 三维设计工作属于逆向建模过程，即通过平面图纸的三维转化建立模型，模型主要是用作工程物项综合碰撞检查和多专业耦合空间验证，同时少量地利用三维模型快速导出二维底图的功能，三维设计各专业过程协同与模型成果多维度利用的拓展空间还很大。

(2)应用三维设计的人员不足。辅助设计团队(30~50 人)集约化开展布置建模和出图、设计专业只审核并利用成果的工作模式，使得三维设计的参与并不充分，各专业本身的设计、计算、出图、材料统计及其相应的质保工作主要还是依靠专业特定软件完成。各专业设计因惯性操作，深化了异构工具的使用而忽略平台协作，从而导致信息孤岛问题越来越严重。

(3)三维设计的应用专业与涵盖范围还比较有限。仅有土建、布置、暖通、电气等几个主要的专业参与到三维布置设计中；从布置设计完整物项角度看，也仅有不到 60%的物项建立了三维布置模型；由于参与三维布置设计的专业不完整、三维布置设计物项不齐整，三维布置设计应用效能达到了一个临界点，致使三维设计模型数据应用范围涵盖面不够广，应用深度也有待加深。

(4)三维设计模型还不是质保意义上的设计成品。三维模型数据如何保证质量，使模型设计数据的使用有效可信，也是一个需要多方协调的难点问题。

(5)部分应用技术难点需要攻克。在模型成果应用方面，三维设计平台与其他专业软件的接口尚不齐备，存在一些数据鸿沟，需要搭建好数据化桥梁。在出图技术方面，基于三维模型进行二维出图，虽然在管道 ISO 图出图上有优势，但是未能满足其他各专业个性化出图定制需求。出图效率若较传统手绘方式没有优势，会影响专业人员应用三维设计的积极性。

总之，通过 CPR 项目三维设计的经验积累和不足反思，如何提高布置设计和协同效率，如何能让三维模型发挥更大作用，从而全面实现核电项目各专业数字化布置设计，是一项重大研究课题。

1.1.5 “华龙一号”首堆正向设计要求

正向设计，是以系统工程理论、方法和过程模型为指导，面向复杂产品和系统的改进改型、技术研发和原创设计等场景，以需求拉动和技术推动为动力，不以仿制抄袭山寨为手段和目的，可以借鉴逆向设计的方法手段消化吸收各种现有技术和成果，以提升企业自主创新能力和设计制造一体化能力为目标的设计活动、设计方法和解决方案的体系。

中广核设计院早在 2003 年就引入了 PDMS 三维设计软件，并在 CPR1000 项目设计中逐步应用，但由于采用“翻版”设计模式，三维设计只是部分专业在有限范围内使用，设计成品仍以二维图纸为主，导致模型中各专业设计数据不完整、不准确，对各类碰撞与干涉的识别也就不充分，未能完全发挥三维设计的价值。由此可见，三维设计是一种全新的设计方式，需要对设计流程和管理方式进行研究，同时要对三维设计过程进行质量管控，使之满足核电设计质保体系的要求，并在全院各专业统一执行三维设计模式。在当时，主要面临以下问题。

(1)缺乏三维正向设计的工作流程，没有开展正向设计过程的经验。

(2)缺乏三维设计配套程序，无法有力指导三维设计工作的开展，无法对项目设计实施精细的管控。

(3)三维协同设计平台功能不完善，专业间采用专业设计软件不同或应用深度不一致，形成数据孤岛，需要从整体上打通专业间数据交互的壁垒，实现三维协同设计。

(4)除管道 ISO 图外，其他专业基于三维布置模型抽取二维图纸的自动化率均较低，影响相关专业参与三维设计的积极性，三维布置模型的价值未充分发挥。

(5)缺少一些配套的平台辅助系统，用以提升设计人员三维协同设计工作效率和质量。

(6)基于统一数据源信息平台、多专业并行协同配合的正向设计理念素养和工作方式，设计人员暂不具备，需要大力引导并实践。

2011 年以来，“华龙一号”型号研发全面铺开，完全正向逻辑下的多专业三维协同设计提上日程。为适应新形势，需全面总结 CPR 项目正反两方面的经验，并借鉴吸收 EPR 项目的良好实践，逐步建立完整的三维布置协同设计体系，涵盖设计策划、设计规则、过程控制、状态管理、质量控制、平台管控等各个方面，进而保障研发、设计活动的有序开展。

1.2　平台应用性能有待检验

搭建项目三维协同设计平台是开展“华龙一号”正向设计的基础，平台架构是否合理、运转能否稳定、数据是否安全、功能完整与否直接关系到三维布置设计工作的效率高低。全面做好平台建设工作，能够有效地保障三维布置设计平台应用稳定性，能够最大限度地实现各专业设计成果在平台上共享，有利于形成多专业协同设计的优势。

“华龙一号”示范工程，其三维布置设计跨越时间长、涉及专业多、参与人员多，设计工作对平台可靠性、稳定性与灵活性提出了前所未有的高要求。传统的平台管理方式已经不能满足华龙项目平台用户规模扩增和多专业三维协同设计的高效运转，如何全方位多角度突破传统平台的技术瓶颈，这对三维布置设计平台管理和运维是一项巨大挑战。设计工作对平台的紧密依赖，设计进度的刻不容缓，平台高效稳定尤显重要，建立一套高效稳定的三维布置设计平台是平台建设运维团队的首要职责。

随着设计的深入，参与三维布置设计的人员将急剧攀升，设计内容不断增加，模型数据库容量不断变大，面临这些应用挑战，三维布置设计平台稳定运行的风险势必攀升。大并发用户数量下各专业设计数据库报错次数将显著增加，模型卡顿的情况也时常发生，平台管理优化创新势在必行。

因此，必须要实施平台建设创新与管理优化，更好地为三维布置设计工作服务。首先要确保平台性能满足设计人员开展三维布置设计最低体验的要求。其次还需要考虑在三维协同设计平台的建设过程中如何通过技术创新措施及管理创新举措提升平台应用性能，特别是要实现多个异地设计点在同一个平台协同设计的基本要求，并保证数据同步的可靠性。最后还需要考虑并制定在极端情况下，平台核心数据安全的保障措施，形成平台应急预案，以保障项目后台数据安全、设计工作稳定开展。

1.3 模型质控手段需要完善

要保证基于模型和数据的三维协同设计稳步实施，相应的质量控制手段需同步跟上，这是各项设计工作的质量基础。

(1)我们有什么质控手段

中广核在2003年引入了PDMS三维设计软件，并在CPR1000项目设计中逐步应用，但由于采用“翻版”设计模式，三维设计只是部分专业在有限范围内使用，本质还是三维试点运用，即把二维图纸还原到三维环境中，利用三维布置设计平台进行设计验证、碰撞检查等，这也是设计院在三维设计领域的初步尝试和摸索。在三维模型设计过程中，三维设计人员根据二维图纸在三维布置设计平台建立三维模型，基本能保证图纸准确还原到三维设计平台中，同时，鉴于CPR1000项目建设的特点，设计成品仍以二维图纸为主，所以对于三维模型的设计过程，并没有引入比较系统而全面的质量控制手段。不过，公司在CPR项目批量化建设历程中，三维局部应用不仅培养了一批优秀的三维模型设计人员，也积累了一定的三维布置设计经验。

(2)沉淀的经验是什么

在CPR1000项目三维实践摸索中，从最初的少量专业在有限范围使用三维设计，模型中各专业设计数据不完整，无法真正应用于项目设计。再到各主要的专业参与其中，并利用三维平台进行设计验证、碰撞检查、敷设电缆，出版管道ISO图、布置图等。由于没有建立清晰的三维设计流程和严格的过程控制机制，设计人员之间的沟通协调主要通过电子邮件交流或Excel表格记录的形式进行，部分建模资料虽然也经过内部提资系统进行记录，但时效性、准确性差。随着更多的专业参与到三维设计、三维设计涵盖物项的增多、设计迭代次数的增长，协同效率低、信息出错率高的弊病凸显出来。

三维设计模型缺少实时高效的检查手段。三维模型数据自上而下，细分到各种元件，其中的参数设置、坐标、元件库和等级库引用等信息纷繁复杂，这些设计数据的合理性、正确性或者缺失与否，无法通过模型一一直观的表达和呈现。设计人员尽管总结了设计检查清单，逐一人工核对，但随着“华龙一号”全面自主三维设计工作的铺开，设计效率提不上来，只有持续增加人力投入，缓解设计进度压力。

在设计成品质量控制环节，三维设计成品转成二维图纸后，设计人在设计成品校审系统中上传图纸成品文件，发起校审批流程，即三维设计二维校审，校审人员需要登录校审系统中查看、下载、打开，然后逐一核对图纸。二维校审，首先设计元素无法直观表达，增加校核难度；其次校核往复过程中，校核意见需要反馈至三维设计平台，平台之间来回切换，这在一定程度上制约了应用三维设计的积极性；最后，设计成品版本较多，增加设计管理成本，设计效能难以实现质的提升。

因此，总结 CPR 项目的三维设计经验，在模型质量控制上，我们发现以下问题亟待解决。

1）三维设计内容权限控制缺失，缺少由面到点的管控策略。

2）缺乏高效的三维设计质量检查工具，设计信息发生错漏的频率较高。

3）各专业三维设计深度不一致，未达到预期的专业间互相参考的设计理念。

4）设计成品校审不直观，校审意见不能实时在线传达和实施。

5）设计过程难以追溯，存在设计责任不清、互相推诿的情况。

6）由二维成品到三维设计，三维设计的优势未能转化为设计成果。

因此，建立健全三维模型质量控制手段是“华龙一号”全面实施三维设计面临的首要挑战。

（3）质量控制欠缺什么

三维设计是一种全新的设计方式，需要对设计流程和管理方式进行研究，同时要对三维设计过程进行质量管控，使之满足设计院质保体系的要求，并在全院各专业统一执行三维设计模式。在“华龙一号”启动全面设计伊始，我们主要面临以下问题。

1）缺乏三维正向设计的工作流程，没有开展过完整正向设计过程的经验。

2）缺乏三维设计配套程序，无法有力指导三维设计工作的开展，不能对项目设计实施有效管控。

3）三维协同设计平台功能不完善，专业间采用专业设计软件不同或应用深度不一致，形成数据孤岛，需要从整体上打通专业间数据交换的壁垒，实现三维协同设计。

“华龙一号”示范项目作为首堆设计，其设计协同的复杂性、信息交互的时效性、数据承载的多样性均给三维布置设计平台及其应用实施提出了更高的要求。要保障全面三维设计工作的高效有序开展，建立和健全三维模型质控体系已迫在眉睫。

1.4 多专业协同模式尚未形成

核电布置设计涉及专业众多、各类接口繁多、交互过程复杂，特别是对于“华龙一号”首堆研发设计，专业间设计迭代频繁，传统的邮件、Excel、图纸传递等专业间协同交流方式，在三维正向设计实施一段时间后，愈发显得捉襟见肘，成为制约设计生产效率的瓶颈，专业间互相推诿扯皮的事情时有发生。

(1)从串行设计到并行协同

“华龙一号”首堆设计，建立了统一、共享的三维协同设计环境，这是多专业协同设计的根基土壤。然而，核电设计，并不是简单在一起干活。设计活动承前启后，是一系列活动按照先后逻辑顺序有序开展，每个专业在这个序列中承担各自的设计角色，完成本专业设计活动。随着设计深入，专业间协同设计在以下两个方面问题频出：

1)设计接口：上下游专业设计输入和输出、设计范畴归属问题。

2)空间资源利用：在有限的空间内，管道、风管或者桥架都想要从这穿过，谁来协调?

(2)割裂的协同设计

“华龙一号”全面三维设计之初，专业间协同设计还保留和沿用了 CPR1000 项目的协同设计习惯。以土建接口孔洞、埋件提资为例，其布置设计方式和流程如图 1-1 所示。

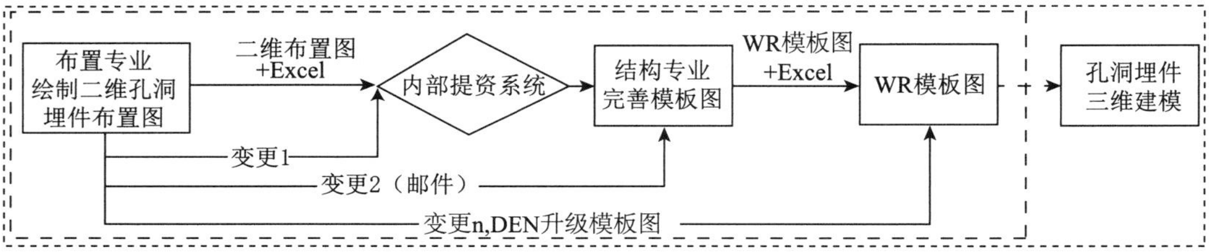

图 1-1 布置设计方式和流程图

首先，布置专业基于二维 CAD 布置图绘制孔洞、埋件信息，并使用 Excel 表汇总图纸中的孔洞、埋件信息，包括编码、型号和位置信息等。然后，通过内部提资系统提资给结构专业。结构专业收资后在二维结构模板图中绘制孔洞、埋件信息，完成孔洞、埋件二维布置设计。最后，结构专业设计人员还会根据模板图和 Excel 提供的信息，在 PDMS 平台中建立孔洞、埋件三维模型，用于辅助碰撞检查所用。

上述协同过程，与“华龙一号”全面三维设计的理念是背离和割裂的，存在诸多不利因素。

1）从布置图到模板图，孔洞埋件均在二维图纸上开展布置设计，工作量大，且由于核电厂系统复杂，随着核电技术的发展，难以满足三代核电技术设计精度要求。

2）通过内部提资系统给结构提资，设计过程和设计记录没有有效记录下来，难以跟踪和追溯，难以掌控进度，并且对二维图纸及 Excel 清单校审批，费时费力。

3）根据二维模板图纸，在 PDMS 进行孔洞、埋件三维模型创建，非常耗时，平均一个孔洞耗时约 5 min。

4）布置设计变更周期长，设计变更容易遗漏，设计宣布可用（Work Ready）的图纸不能及时升版，造成施工现场新增孔洞、埋件布置或者产生很多无效孔洞，增加后期施工封堵费用。

5）专业协同效率低，设计成品缺少管控，人因出错率高。

“华龙一号”，需要全新的多专业协同设计模式！

1.5 出图工作效率亟待提升

出于电厂安全性及技术传承性的考虑，中广核 CPR 堆型施工图出图工作，通常采用传统的“翻版”设计方式进行，即使用参考电厂的成品文件作为新建电厂的参照图纸，设计人员在此基础上开展二维设计与制图。二维参考设计制图的工作方式存在以下诸多问题。

(1) 二维制图工作量巨大，设计人力投入高。一张施工图包含的信息量巨大，但所有的这些信息均由绘图员手动绘制，绘制工作量巨大；一张复杂的综合布置图，绘制完成时间约 8~10 人天，出图效率低，需要投入大量的设计人力。

(2) 二维出图信息错漏导致工程成本增加。或由于参考图纸不清晰，或绘图员设计经验欠缺，或绘图员遗漏等导致图面信息准确度不高，导致现场施工澄清频发、变更多发，增加不必要的工程成本。

(3) 不满足正向设计要求。中广核研发的“华龙一号”首堆项目采用正向设计，无参考电厂，亦无参考图纸，传统的施工图手工绘图出图方式已经跟不上我国核电厂自主研发、正向设计的步伐，不再适用。

三维设计成品模型直接指导下游采购和施工是核电工程数字化设计的终极目标，但从工程设计领域现实情况来看，实现这一目标要走的路还很长。在当前及今后一段时期，还是需要靠传统的二维成品图纸指导采购和施工。依托三维成品模型，快速导出施工图及材料表，是三维正向设计的关键生产环节。基于三维布置成果模型出图，若其出图效率上不去，三维正向设计的意义将大打折扣，同时三维正向设计也将很难被专业设计人员接受。若能实现利用三维成品模型快速高效的出版施工图，减少设计人员出图工作量，则三维正向设计将会大受欢迎。

市面上的电力行业三维设计软件，其本身具备通用的出图模块，但无法满足核电厂施工图要求，通用模块出图效率也不高，特别是平面布置图的出图，需要大量后期人工修改工作，人工修改工作量甚至占到出图工作总量的 60%以上，这是必须要解决的痛点问题。因此，研发高效的三维布置设计出图系统，成为核电三维布置正向设计中最后一道技术瓶颈，是设计院迫切需要解决的一道难题。相关的出图流程优化、图纸管理方式改进、出图样式标准化、各专业施工图个性化处理等，都是需要同步解决的难点问题。

第二章

三维协同设计与管理平台体系建设

2.1　构建三维协同设计体系

“华龙一号”首堆项目正向三维协同设计体系，到底应该如何建设，需要从多个维度考虑。

(1)需要基于成熟好用的三维布置设计软件打造一体化的协同设计平台。考虑选用以某款电厂三维设计软件(沿用 PDMS)为中心，打通各专业数据接口进行数据交互，消除数据孤岛，实现布置设计全专业、在线式、实时化协同。同时，建成覆盖布置设计全专业、多家设计协作单位的异地协同设计平台。

(2)需要成立“华龙一号”示范项目三维设计组织。规定项目组织模式和运作规则，明确各层级职责分工，通过项目的资源配备，全面推动落实三维设计应用。

(3)需要明确各专业在平台中的设计内容，设计流程控制方法，设计数据流转/移交方式，模型质量管控方法，设计输出内容，为多专业协同设计活动开展提供支撑。

(4)需要研发一整套定制化的三维设计系统工具。考虑开发若干满足核电设计应用需求的辅助设计系统工具，同时加强三维技能培训，提升设计人员的三维协同设计专业素养。

(5)需要针对三维设计的策划、组织、内容、深度、校审、接口、评审、设计固化和发布等环节提出一系列管理要求，分层提炼出企业标准-管理规范-技术规范的应用体系，规范项目参与单位、参与专业的三维设计过程，将核电设计质保要求完全融入三维设计过程，使三维设计模型成为可以信赖的设计成品。

除上述考量因素，还存在一些不可以预见的困难，这些都是必须要解决的。

通过多方调研、深入论证，最终确定三维协同设计体系建设思路与要求见图 2-1，其内涵是以一个平台为核心，两化融合为目标，搭建三级三维设计程序框架，实现三维设计过程的技术状态控制，引领四大板块协同，具体内容如下。

(1)一个平台为核心。构建“华龙一号”三维协同设计理论体系、搭建三维协同设计集成平台。根据专业设计特点以及协同设计需要，制定多专业三维协同设计工作流程和三维协同设计控制系列程序，基于三维协同设计理论体系和 PDMS 软件建立“华龙一号”多专业三维协同设计平台。及时响应“华龙一号”型号研发、工程设计的迫切需求，全面实现设计生产工具从二维设计向三维设计的转换，探索出核电厂布置设计的信息化道路。

(2)“两化”融合为目标。以工业化和信息化深度融合为目标，开展工程设计和信息化技术的融合与延伸应用，以后台数据库为核心，前端三维模型为依托，在辐射防护、灾害防护、工程量计算、管道力学，水力学、进度管理、电厂运维、退役等领域，开

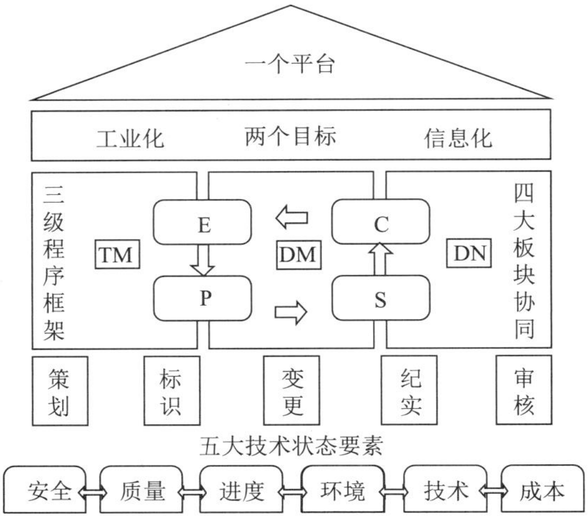

图 2-1　三维协同设计总体思路

发一系列深度融合了工程设计技术的信息化工具，并应用于“华龙一号”项目的工程实践，在两化融合上取得重大突破。

(3) 三级程序搭框架。从企业标准(TM)、管理规范(DM)、设计规范(DN)三个层次，搭建覆盖全专业、各环节完整的三维协同设计控制系列程序体系。其中，企业标准层次涵盖设计过程控制、设计质量控制、技术状态管理等顶层要求；管理规范层次涵盖各专业三维设计技术要求；设计规范层次涵盖各三维设计工作的详细设计说明。

(4) 四大板块共协同。以 E 板块为牵引，充分利用三维模型、后台数据及可视化工具，为 E/P/C/S 的板块联动创造协同基础并在应用上实现突破，如穹顶吊装模拟、大型设备引入、大宗材料精细化管理等应用。

(5) 五大要素融三维。将工程项目技术状态管理方法延伸至三维设计平台中，实现技术状态管理五大要素在三维设计平台中的直观显示，实现技术状态管理理论与三维设计工具的无缝对接，并为核电厂实现数字化全生命周期管理奠定坚实的基础。

(6) 六大控制助“华龙一号”。以三维设计平台为基础，在安全、质量、环境、进度、技术、成本六大控制方面实施全方位管控，助力华龙项目实现工程关键里程碑。

在上述总体思路的指导下，设计院各部门通力协作，为“华龙一号”项目三维协同设计体系建章立制。

2.2　分析平台应用性能瓶颈

布置设计平台作为项目开展三维设计的主要平台，其性能好坏直接影响工程师的设计效率。正所谓“工欲善其事，必先利其器”，努力打造性能稳定、功能齐全、数据可靠的三维布置设计平台，以保障“华龙一号”三维布置设计工作顺利开展。为突破传统平台响应性能瓶颈，公司组建由平台管理、IT运管等领域技术骨干构成的专项团队，共同开展影响平台应用性能的要素分析。通过对“华龙一号”三维布置设计工作需求的广泛调研，并对调研形成的资料进行分析整理，最终专项团队达成一致意见，确定大规模用户并发情况下平台访问速度、数据安全、异地协同等方面是影响平台综合应用性能的主要痛点，专项团队以此作为切入点对平台应用性能提升开展技术分析研究。

(1)平台访问速度

并发数、吞吐量、资源利用率和响应时间是衡量平台访问速度的主要性能指标。在高并发的情况下，尽量提高平台的吞吐量并保证平台响应时间，是专项团队为改善此项指标的主要目标。并发数是指平台能够同时处理用户请求的数目，这个数字反映了平台的负载特征。由于公司全面推行正向的核电三维布置设计，在平台上参与“华龙一号”三维布置设计的人员已远远超出以往项目翻版设计时的用户规模，平台大并发访问已成客观既定事实。吞吐量是指单位时间内平台处理的请求量，体现了平台的整体处理能力。资源利用率是平台运行时各个系统资源的使用程度，包括网络通信和硬件参数的使用率等，是平台性能分析的一个重要指标。响应时间是指用户执行一个操作需要的时间，包括从发出请求开始到收到最后响应数据所需要的时间，响应时间是平台性能的最直观指标，反映了平台的快慢。

为确定并发数、吞吐量、资源利用率和平台响应时间的关系，专项团队对传统平台进行了性能测试，根据后台访问数据的监测并进行汇总统计，最终得出了并发数、吞吐量、资源利用率与响应时间的大致逻辑关系(见图2-2)。

根据上述关系曲线，可以得出现有平台的最大并发数、平台的最大压力承载能力等重要性能参数，再结合现有需求，开展性能差距分析。通过分析，团队最终决定从平台服务器、数据容量、存储和平台数据管理开展平台性能瓶颈分析，以提升平台吞吐量，确保平台响应时间满足设计需要。一方面开展服务器的软硬件、网络排查，主要分析影响性能的主要因素如内存、磁盘、网络、CPU等；另一方面开展平台数据库分析，主要分析项目后台数据库大小、增长机制、报错频率等，以实现数据库优化管理，从而实现平台访问性能的提升。

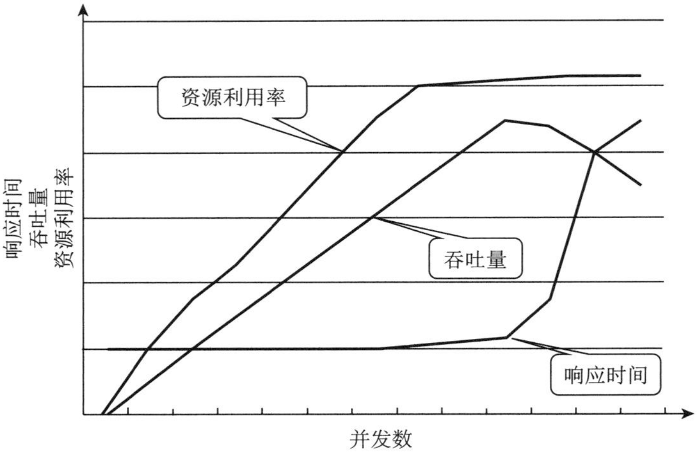

图 2-2　并发数、吞吐量、资源利用率和响应时间逻辑关系图

(2)平台数据安全

平台数据安全是衡量平台性能的另一重要指标，保护平台数据安全能够确保平台的应用连续性，降低布置设计可能面临的风险，为整个“华龙一号”三维布置设计平台的长期正常运转提供强有力的保障(见图 2-3)。为加强平台后台数据安全管理，保证平台项目设计数据的可用性、完整性、机密性，专项团队根据公司安全质保要求、项目办相关文件规定、平台数据特点、数据对业务的影响等开展平台数据安全风险点调研，找出影响平台数据安全的风险点。参考《公司安全质量风险防范管理办法》的总体规定，结合布置设计平台具体业务点的敏感度，根据下图风险等级分类标准对影响平台数据安全的各个风险点进行风险等级评估分类。

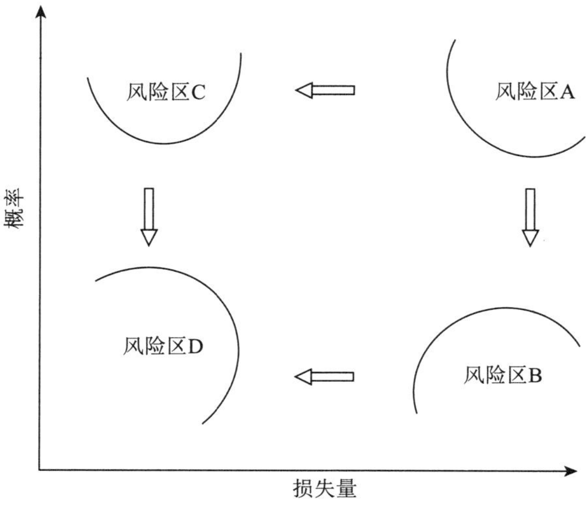

图 2-3　风险等级分类示意图

各个风险点详细评估结果如表 2-1 所示。确定各个风险点在各个风险区的分布后，对高损失高概率(A 区)，高损失低概率(B 区)，高概率低损失(C 区)的风险点开展数据安全风险原因分析，寻求消除或降低风险的措施，从而提升平台数据安全性能。

表 2-1　平台数据风险等级评估表

风险点	风险等级
模型误删除或丢失	高损失高概率(A 区)
数据库致命错误	高损失高概率(A 区)
数据文件权限管控失效、文件丢失	高损失低概率(B 区)
数据备份失效	高损失低概率(B 区)
服务器宕机	高损失低概率(B 区)
GLOBAL 通信故障	高概率低损失(C 区)
ACR 权限控制失效	低损失低概率(D 区)
平台许可故障	低损失低概率(D 区)

(3)平台异地协同

平台异地协同技术是评价平台功能完整性的一个重要性能指标。构建多单位异地协同设计环境，确保项目各参建单位都能在统一平台上开展三维布置设计工作，是“华龙一号”项目三维异地协同布置设计的基本要求。由于协同设计的特点包含了群体性、统一性、实时性、异地性等多重要素，故在实施异地协同前应对项目具体的技术组织措施进行研究，明确项目的设计范围、设计分工、各异地协同单位的数据需求、数据保密规定等内容，做好异地协同平台建设的准备工作。

平台异地协同技术包括异地间通信网络铺设、平台延伸、数据分配、数据同步、数据移交等内容。网络通信速度直接决定协同设计数据同步效率。数据流转过程的数据安全管控也是异地协同平台建设需要考虑的重要内容。

搭建三维异地协同网络首先需要确定主数据库服务点的部署位置。主端(hub)是整个平台的“大脑中枢”，作为平台管理中心，负责管理各个卫星端(satellites)的通信服务和数据部署。主端和各个卫星端通过专用网络链路进行通信，并通过守护进程(Deamon)建立通信链路服务，从而形成数据双向传递通道。各端的用户直接访问本地服务器上的平台数据，这样保障了用户访问速度。根据三维布置异地协同(Global)设计平台特点及建设内容，形成平台拓扑结构如下图所示，为“华龙一号”项目三维异地协同设计平台搭建提供框架指导。

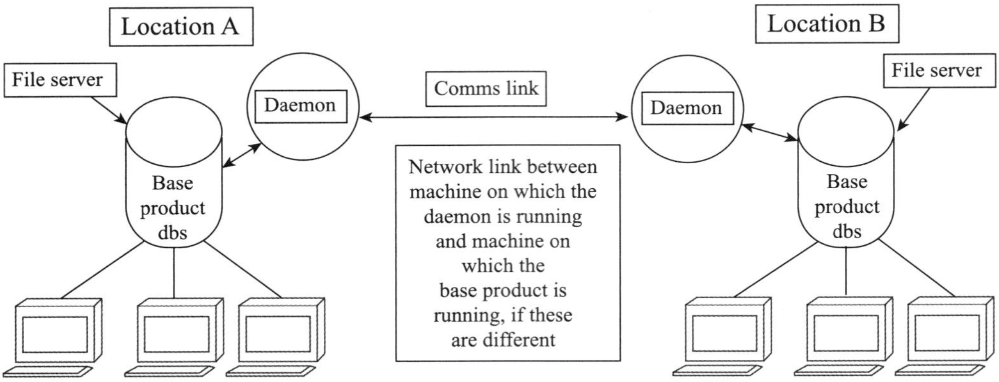

图 2-4　异地协同设计平台框架

2.3　策划模型的技术状态管理

(1)实施模型质量控制势在必行

“华龙一号”项目是完全自主正向研发的第三代核电技术，基于统一的三维协同设计集成平台，全专业开展三维设计，三维模型质量控制手段必须要有，并且要高效好用。

“华龙一号”项目团队，在丰富的核电项目的设计经验基础上，以工业化和信息化深度融合为目标，开展了工程设计和信息化技术的融合和延伸应用，将工程项目技术状态管理方法延伸至三维设计平台中。充分吸收和消化技术状态管理五大要素(策划、标示、变更、纪实、审核)的管理精髓，逐步形成了“华龙一号”项目特有的模型质量控制手段——三维模型状态控制。

(2)为三维设计全生命周期保驾护航

1)状态管理概述

根据模型管控精度，在模型管控基本单元的数据层，建立用于表达模型设计状态的自定义属性(UDA)，通过定义模型状态值，表征三维模型所达到的设计阶段。模型的设计状态值属性设置不同值即代表模型处于各种相应的设计状态，根据各专业层次结构的不同，将模型状态值自定义属性设置在不同的层次结构中。设计人员负责创建、修改或删除模型，具有管控单元模型的修改权限；经过校核、审核模型，由主设人提升或降低状态值，从而实现对模型设计的状态表征和权限控制。

为了实现模型的设计状态与模型权限控制相结合，采用访问控制权限(ACR)中调用 UDA 的方式，让设计用户在不同的设计状态下有不同的模型控制权限。图 2-5 是工艺管道专业三维设计全周期状态值设置示例。

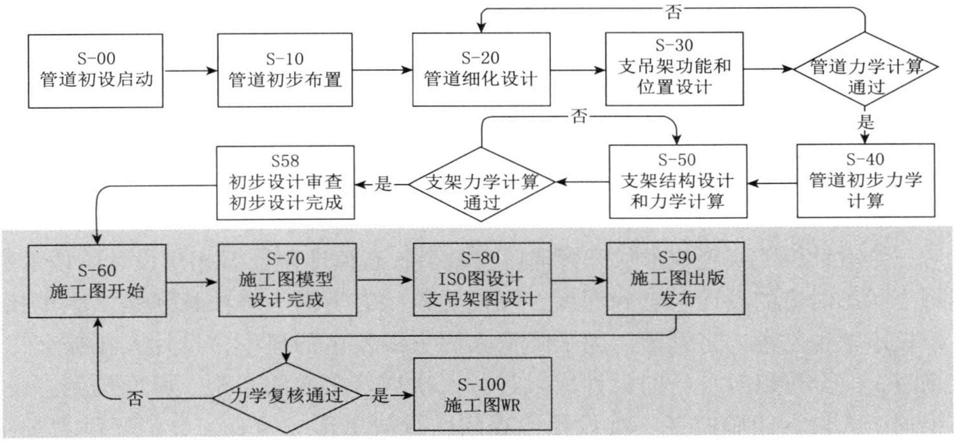

图 2-5　工艺管道三维设计全周期流程及状态值

2）状态管理对象研究

模型状态管理对象，即模型管控的精细度，关系到模型设计独立性、协同性以及管控成本。由于不同专业物项所对应的数据类型及层次各异，经过综合考虑上述要素，初步确定了各专业物项的管控数据对象如表 2-2 所示。

表 2-2　模型状态管理对象

项目管理员	土建	管道	暖通	电气	仪控	设备	支吊架
site/zone	STRU	Branch	HVAC	Branch	Pipe	EQUI	STRU

3）角色与分组

每个三维设计专业设置模型的编制、校核、审核和批准（主设）四类角色，还包含了统筹多专业协同设计的综合布置设计组的相应角色（见表 2-3）。

表 2-3　角色分组

角色	土建	管道	风管	桥架	仪控	综合
设计人	CW-DE	PL-DE	HV-DE	CB-DE	IC-DE	IL-DE
校核人	CW-PR	PL-PR	HV-PR	CB-PR	IC-PR	IL-PR
审核人	CW-AU	PL-AU	HV-AU	CB-AU	IC-AU	IL-AU
批准人	CW-CD	PL-CD	HV-CD	CB-CD	IC-CD	IL-CD

注：设计人，对模型状态控制单元具有新增、修改、删除或者部分属性修改权限。
校核人，对模型状态控制单元进行校核，有限的修改权限。
审核人，对模型状态控制单元进行审核，有限的修改权限。
批准人，对模型状态控制单元提升或降低状态值，控制模型设计深度。

4）权限规则

三维模型质量控制，关键在人。设计用户使用三维设计平台开展设计，设计用户可能扮演不同的设计角色，所以考虑采用特定的设计账号，比如将设计人的专业、姓名、部门等信息组合到设计账号中，再把状态管理、控制对象、角色分组进行逻辑整合，形成一套逻辑规则（ACR-RULE），将这套规则绑定到每个设计账号上，即形成了“华龙一号”三维模型设计状态控制系统。

5）大数据检查

对三维设计模型实施技术状态管理后，每个状态值即表征着相应设计阶段的完成。根据每个状态对应的设计内容和深度，可设置该状态下需一级校核还是二级审核。当然，校核审核也是由人来管控。为了降低人因失误发生的概率，设计人在提交三维模型成果时，完全可以对自己的设计成果进行一次或者多次的自检。前面提到，设计人如果根据个人设计经验或者三维设计检查问题点清单逐一检查，会消耗巨大的精力。有鉴于此，在“华龙一号”项目引入信息化设计的大环境下，完全可以借助信息化手段实现自动检查。只要梳理清楚检查的模型对象，根据不同的状态和对象模型配置检查项，制定检查规则，即可实现海量模型数据的自动检查。模型大数据检查为“华龙一号”三维模型质量控制提供了新手段。

应用这套三维模型技术状态控制方法，将实现“华龙一号”示范项目三维设计模型全生命周期控制管理的目标。

2.4　开创多专业协同模式

2013 年，“华龙一号”项目三维设计工作如火如荼地开展。以三维设计软件 PDMS 为中心，实现了布置设计全专业在线模型设计，初步形成了多专业协同设计的基本框架，各专业设计成果通过发布机制，实现了专业间的设计成果共享和设计参考。

(1) 三维协同设计流程建立

基于设计院专业设置和工作流程，提出了“专业布置→综合布置→固化评审→抽取图纸”的正向设计流程。以厂房布置为主线，根据项目工程建造的进度逻辑顺序，将三维设计过程在项目整体上划分为 P0，P1 和 P2 三个节点。其中 P0 节点设计深度需要满足厂房响应谱计算需求，P1 节点需要满足厂房总体计算需求，P2 节点需要满足结构构件力学计算和模板图出版需求。

根据三维设计节点的内容和深度，对每个节点的各专业的详细设计活动进行分析和细化，按照正向设计逻辑的先后顺序，明确设计流程的上下游接口关系，倒推出设计院全专业设计全周期全过程的正向协同的三维设计流程，如图 2-6 所示。

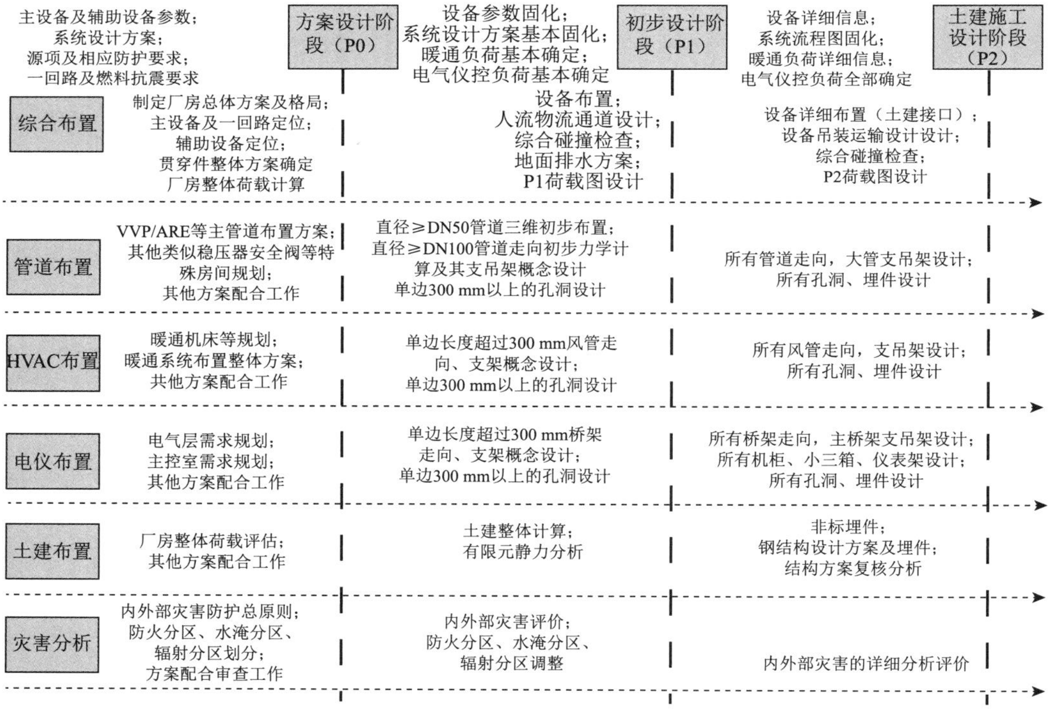

图 2-6　三维协同设计流程

三维正向设计流程明确了专业间上下游设计配合的设计逻辑，以及各设计节点前专业需要开展的工作内容和达到的设计深度，最后形成工作程序《初步设计阶段三维设计技术规定》用于指导各专业开展工作。

然而，在项目开展中，以土建接口为大类的三维设计，根据“华龙一号”自主正向设计研发方案，必须由各布置专业根据设计需要，向结构专业设计提资，在土建结构模型中完成三维设计。在当时，布置专业通过内部提资系统提资结构专业，在三维设计的大环境中，需要将三维设计的内容转成二维的 Excel 数据，再由结构专业还原到三维设计环境中。这个过程其实就是三维、二维设计来回切换的工作模式，相对三维在线设计模式来讲，就是离线的设计模式。该模式存在提资数据不直观、专业间协同设计效率低、结构专业三维设计开孔效率低等问题，与“华龙一号”项目工业化信息化融合目标背道而驰。

(2) 二维提资转三维提资的可行性

既然全部专业都在三维中开展三维设计，那么，土建接口提资可否也在三维中开展？答案是肯定的。

“华龙一号”项目平台建设团队联合专业设计骨干，基于三维协同设计的大环境，从现有二维提资的痛点着手，结合信息化手段，提出了“在线提资”的概念和建设思路。在线提资概念的提出，为多专业协同设计又增加了一种全新的协同模式。

(3) 在线提资技术研究

1) 虚拟物项技术

在三维布置设计平台中，开辟一块专用数据区域，依据三维设计平台管理程序，建立各布置专业的虚拟物项设计管理层。同时约定虚拟物项建模规则、命名规范等。虚拟物项隶属独立的三维设计数据库，虽有实际的形状与占位信息，但不作为设计成品输出，而是作为一个信息交换载体，以三维可视化的方式向结构专业提资。参照虚拟物项，结构专业可以快速而准确的完成土建接口(实体)的三维设计。图 2-7 简要展示虚拟体与模型实体的逻辑关系。

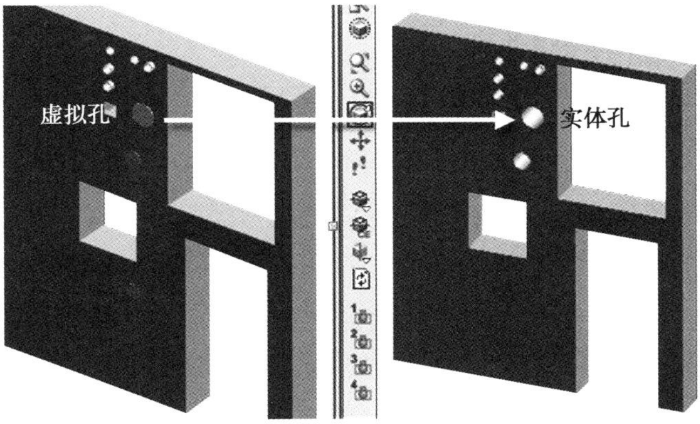

图 2-7　虚拟体实现效果示意

2)数字化提资方案

虚拟物项技术适用于专业间在统一的三维设计平台内的设计协同提资，那么三维设计专业与无需在三维平台开展设计的专业间如何实现在线设计协同？即本质是实现三维设计平台数据与其他设计平台间的数据协同，比较典型的情况就是三维管道布置设计与管道力学计算专业之间的设计协同。

为了打通专业间不同设计平台间的数据协同，“华龙一号”项目团队提出了数字化提资的协同思路。数字化提资是从收资专业工作环境(平台或软件或工具)对设计输入数据的需求出发，由提资专业在线输出或者加工构造出相应的结构化数据，直接用于收资专业的设计输入，实现设计数据间点对点数据传递。相比传统的二维提资，直接省去了中间数据处理环节。以管道力学计算为例，管道布置专业在三维布置设计平台输出结构化数据，经过提资数据校审批，力学计算系统接收数据作为管道力学计算的输入，构建管道力学计算输入模型，然后启动力学计算软件完成计算。当然，构建管道力学计算模型的输入，不仅仅是来自工艺管道布置数据，还有系统、三废等专业的提资，也可运用数字化提资的思路，实现专业平台间数据的高效协同利用。

3)提资质量控制

如何保证提资数据准确规范？在线提资相比二维提资，具备提资可视化的优势，同时几乎可以做到实时提资和收资，提资内容存在的问题可以很直观地发现。但是核电设计是一项对质量要求极其严苛的活动，需处处遵循“安全第一、质量第一”的指导方针。为此，项目团队设计了一套完备的质量控制措施。

首先，在线提资同其他专业设计一样，须建立模型控制访问机制，以一个虚拟物项作为控制单元，创建模型控制访问规则。

其次，必须建立一套虚拟物项的编制、校核、审批机制，在提资过程中，对本专业提资物项先进行校审批，才能提资给下游专业，同时对提资过程进行记录，做到设计过程可追溯。

最后，作为多专业协同开展的设计项，必须有综合布置设计专业参与提资过程，在线审核提资内容，综合协调各专业提资物项是否存在碰撞干涉或者需要合并提资。在线提资质量控制过程如图 2-8 所示。

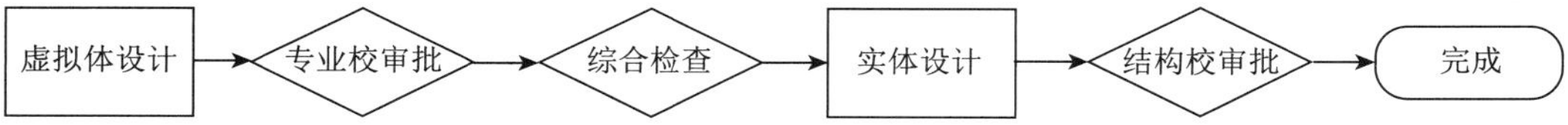

图 2-8　在线提资质量控制过程示意

4)提资效率提升

由二维提资到三维在线提资工作方式的转变，对传统的设计人员来说，要适应这种转变，不免会产生一些抵触情绪，是否徒增了额外的工作？事实上，三维在线提资，让设计用户在做布置设计的同时，根据布置需要，在三维设计平台实时建立提资内容，而不用再切换到二维提资系统，收集和整理提资，这已经在提资效率上发生了质的飞跃。

当然，效率提升，不能满足于现状，只要还有提升的空间，就要不遗余力地实施，因为效率的提升直接带来成本的下降。

根据在线提资的特点，主要考虑从下面两个方面提升提资效率。

①建模辅助工具：依据提资虚拟体信息建立土建实体模型，相对专业设计建模更为简单，完全可以借助信息化手段，可开发辅助设计工具，提升建模效率。

②在线提资流程：提资信息的流转，需要开发在线提资流程系统，实现多专业在线协同设计。

在线提资方案的开创，打破了提资和设计在二维、三维设计环境中往复切换的陈旧局面，是三维协同设计平台又一技术亮点和创新变革。

2.5 谋划出图工作效率提升

在 1.5 节中提到，PDMS 软件通用出图模块，针对不同专业其出图工作效率比较低，无法满足各专业出图个性化需求。鉴于此，设计院多措并举，实现三维自动出图效率的提升。

(1)革新出图思维模式

现实工作中，大家习惯了传统的二维设计模式，故很多人认为二维设计是最可靠的，传统的二维图的表达方式才是最经典的，而核电行业在安全性方面的求稳思维，更是要求最终合法的设计文件为图纸且这些图纸要与参考项目大体一致，这就容易产生一些三维出图思维误区。

1)对三维自动出图难度认识不足。第一类是盲目乐观，这类人员普遍认为模型建好，出图应该水到渠成，同时有 PDMS 管道轴测图高效出图的正面例子，就认为平面图也可以自动实现出到满足施工要求(Work Ready)状态。第二类保守思想严重，这类人认为会非常难，因为需要完全颠覆传统，且设计出图特例太多，根本无法实现，觉得沿用传统出图工作模式挺好，存在畏难情绪，认为搞三维自动出图就是瞎折腾。

2)以传统二维图样式标准要求三维自动出图。实际工作中，有些人总是以传统二维图样式标准要求三维自动出图，实际这样的要求是错误的，可以说是本末倒置。三维设计的目的本身就是为了避免和降低传统二维设计中，由于人的大脑空间想象力不足或各种其他因素导致的疏忽和错误。理论上来说，有了三维模型，就不必有二维图纸了，机械行业已经实现直接将数字化成果输入数控机床，或者直接用三维模型指导构件工厂化生产。“华龙一号”采用正向设计，图纸由成品三维模型自动生成，有一些生成规则是与软件一脉相承，因使用的软件不同，无法做到与 CAD 系列软件一致。如墙体示意，自动导出的墙体图形无法填充成 CAD 中混凝土样式，故需要专业设计部门适应正向设计出图模式，主动接受墙体采用其他形式填充或不填充的样式。若专业一直要求生成的必须是传统混凝土填充样式，那三维快速出图的功能对效率提升的意义不大。

3)对图面美化存在脱离实际的需求。要求从三维模型里切出来的图纸必须符合原来传统的看图习惯，与传统的二维图纸一模一样才行。实际上要求三维模型里切出来的图纸与传统设计方式中的二维图纸完全一样，这是一个伪命题，在数学逻辑上就是不成立的，从纯技术角度是不可能实现的，实际操作上更不应该这样去做。因为一个标注从三维空间的位置到一个任意的空间二维剖切面上的投影位置是非常复杂的多对多关系，二维标注的数量、样式、大小、方向或位置要求又是因企业以及因人而异，是无规律可循的，它不光是数学几何问题，还是美学问题，非常复杂。几方面问题纠缠在一起，本身就无解。比如，核电正向出图模式，可以实现批量化出图，以单个管道 branch、单个支架出详图，实现起来也非常迅速，但在按层位区域大范围出平面图方面，可以快速生成标注信息，但图面标注数量巨大，其干涉情况会严重，图面美化工作时间还是会比较长。

针对上述思维误区，设计院从源头上将三维模型质量纳入质保体系，对模型与图纸的数据一致性提出更高要求；同时大量宣传、引导各相关专业适应三维正向出图思维，认清三维出图难度，不盲目乐观也不太过保守。更为重要的是，鼓励各专业以正向设计出图模式为指导，不同程度地适应三维平台软件局限。在出图方面实现以出单模型详图为主，减少图面标注信息数量，提高信息腾挪空间，降低一线出图工程师的手工操作量；同时对一些传统的二维表达方式进行变革，以能指导施工为唯一标准。设计院与施工单位就图面信息表达达成新的默契，充分发挥三维正向设计自动出图的优势，同时实现企业三维出图思维模式的全方位革新。

(2)成立出图专项攻关团队

成立了项目主管领导和相关技术专家组成的领导小组，项目协调小组、专业需求部门、技术开发部门充分参与，集中优势力量成立了出图专项攻关团队。团队采用任务清单滚动跟踪模式，建立了团队主责人制度，依托动态化项目团队，保障出图定制开发及应用优化工作有序推进。同时以专业需求为导向建立出图攻关小团队，提前谋划，做好调研分析与技术交流，不断磨合，优化开发技术方案，完成各专业出图定制与相应工具开发；然后组织测试及实际应用，再根据收集的用户测试应用反馈意见，有针对性地进行优化与提升，稳步提高出图自动化率。

(3)三维出图标准化建设

由于各个专业不同设计人员设计习惯差异较大，常常造成核电各个专业出图风格种类多、差异大，不利于统一的技术管理和定制开发。为了实现核电各专业出图标准化、规范化，在深入分析设计院各专业出图定制需求基础上，建立一套规范的核电出图定制标准，实施院级出图标准定制。对于通用的需求，如轴网、土建模型，所有专业都需要用到，统一采用一套定制；对各专业个性化需求，分别予以定制实现，进而实现中广核设计院各专业出图定制的标准化。

(4)紧跟需求互联互通

在出图系统开发完成上线后，技术开发团队还需要进一步与应用专业互动沟通，如派遣智能出图系统开发技术骨干进驻各专业内部，贴近出图业务生产、理解用户实际需求，现场面对面解决问题，实时、实地优化改进；同时也推广出图系统，传授设计人员操作技巧与经验，只有这样才能使三维出图工作真正贴近实际，并进一步提升其自动化率。

(5)加大技术攻关投入

在专业内部，难免会有个性化出图需求以及一些难点问题，针对各专业的这些出图难点，增加开发人力与技术投入，攻克难点。通过派遣开发技术人员调研外部技术单位，寻求难题解决思路。另外，邀请外部单位人员进行开发技能培训，提高开发人员技能水平。

通过一系列行之有效的举措，针对土建、暖通、管道、电气、仪控等专业近20类图纸需求，开发标准三维自动化出图定制以及配套智能出图工具系统模块，紧贴专业实际需求，大量嵌入设计规则参数，提高专业设计效率，各类图纸平均出图自动化率由系统应用前的40%提高到90%，处于行业领先水平，多专业自动化出图系统深入应用在中广核“华龙一号”示范项目。同时，也为正向设计出图工作蹚出一条路子，对项目出图效率与水平的提高，贡献突出。设计院经过多年实践应用，形成了一套自己独有的三维出图工作模式。

第三章

三维协同设计与管理平台技术研发

中广核从正向设计全生命周期入手考虑，在三维设计体系、协同机制、智能化设计工具、模型安全应用等方面进行深入研究，并实现技术创新与突破，取得了一系列创新性成果。

创建了以数据和模型为核心的核电三维协同设计方法及设计体系。编制了覆盖设计全专业、全过程的协同设计管控程序，提出了复杂并行设计条件下的多专业协同流程数字化、设计成果的平台化移交等方法。构建了一体化的数字化设计环境和数据载体。制定了多专业显性化设计流程控制机制。解决了核电设计多地域/多专业协同难、成果数据碎片化等难题。

提出了基于技术状态管理的三维设计方法论，解决了三维协同设计数据交互关键技术，实现了模型设计数据在不同设计阶段和设计工具间高效交互目标，开发了三维在线提资、可视化电缆敷设等首创性设计工具，攻克了三维设计模型的二维快捷出图关键技术，解决了多样化设计工具及其异构数据离散等传统难题。

基于大数据分析方法，创建了模型质量自动校验关键技术。研发了基于大数据思维的三维模型批量化、自动化质量检查系列软件，提出了集成超多设计规则的模型数据自动校验相关算法，创新了三维设计的质量检查手段，解决了人工校核疏漏的难题，显著减少各类设计差错。

建立大宗材料精确统计与精细管理的技术体系，提出了“编码—建模—统量—发布—平衡”的核电工程大宗材料全生命周期的闭环管控方法，配套开发了基于三维模型的大宗材料工程量自动统计软件，研发了设计—采购—施工协同工作的大宗材料管理系统软件，解决了长期困扰我国核电项目材料设计量、采购量、安装量、库存量的适配性难题。

3.1 三维协同体系建设

3.1.1 三维协同设计平台应用架构

在三维协同设计体系的总体思路的指导下，平台应用架构最根本的是要解决专业间的信息交换问题。信息数据交换效率的高低，也反映了工程设计工作效率的高低。根据目前设计院的专业设置，系统设计、布置设计和力学计算等工作是由不同的专业负责的。即使有部分专业同时负责了系统和布置设计，这两类工作采用的专业设计软件也不同。从而造成了专业间、设计软件间的信息交换壁垒。

为此，以电厂三维设计软件 PDMS 为中心，通过接口软件开发与其他专业设计软件进行数据的交互，实现设计协同。该三维协同设计平台架构如图 3-1 所示。

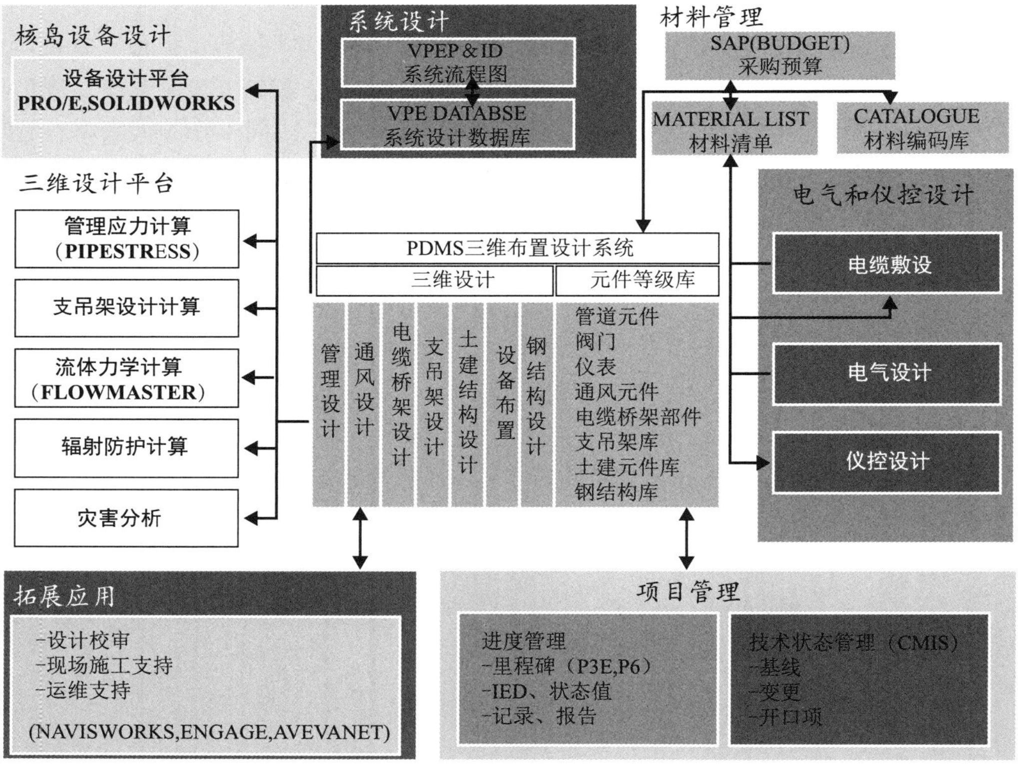

图 3-1　三维布置协同设计平台

三维布置协同设计工作平台的应用逻辑，以系统流程图上某个阀门为例子说明：阀门的设计参数等信息保存在系统设计数据库中，阀门的布置信息(如所在房间、定位信息等)保存在三维模型数据库中。通过直接建立软件接口，系统设计参数可以直接更新到三维模型中，阀门的布置信息也可以返输入到系统设计数据库中，从而避免设计人员输入而导致的人因失误。并且，这些信息都可以直接导入到材料管理软件和工程物资量算量软件中，为采购部门进行采购、技经专业进行工程量计算提供了极大的便利。

3.1.2　三维设计项目运作规则

根据中广核设计院的专业设置和项目管理规则，建立了“华龙一号”示范项目组织机构，如图 3-2 所示。

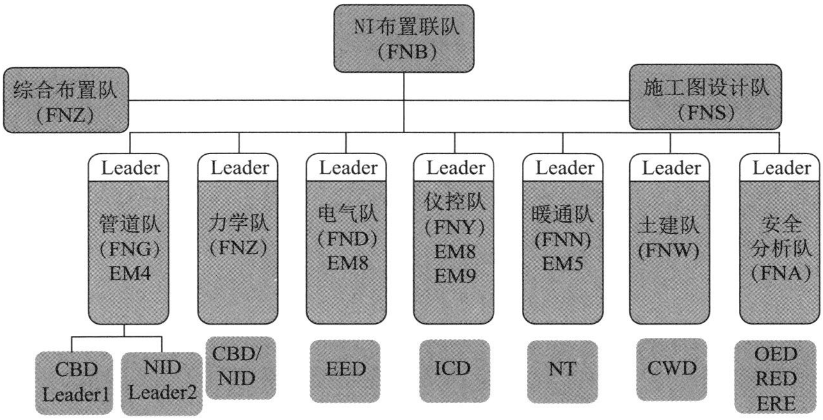

图 3-2　“华龙一号”示范项目组织机构图

同时，规定了“华龙一号”示范项目的三维设计项目运作规则，确定项目各层级、各专业的团队组织和职责，实施资源调配，全面推动项目三维设计落实。此外，还出版各个项目团队运作规则程序 9 项，程序内容涵盖协同设计冲突处理机制，指导各自专业开展三维模型设计。

3.1.3　三维协同设计流程

基于设计院专业设置和工作流程，提出了“专业布置→综合布置→固化评审→抽取图纸”的正向设计流程。以厂房布置为主线，根据项目工程建造的进度逻辑顺序，将三维设计过程在项目整体上划分为 P0，P1 和 P2 三个节点。其中 P0 节点设计深度需要满足厂房响应谱计算需求，P1 节点需要满足厂房总体计算需求，P2 节点需要满足结构构件力学计算和模板图出版需求。

根据三维设计节点的内容和深度，对每个节点的各专业的详细设计活动进行分析和细化，按照正向设计逻辑的先后顺序，明确设计流程的上下游接口关系，倒推出设计院全专业设计全周期全过程的正向协同的三维设计流程，如图 3-3 所示。

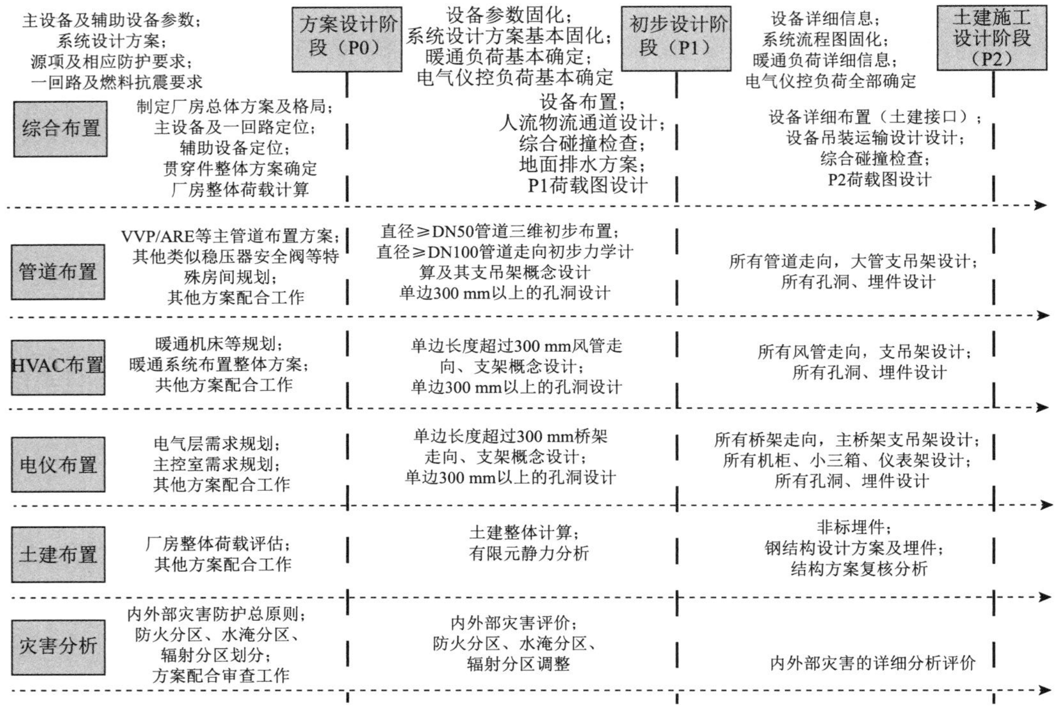

图 3-3　三维协同设计流程图

三维正向设计流程明确了专业间上下游设计配合的设计逻辑，以及各设计节点前专业需要开展的工作内容和达到的设计深度，最后形成程序《三维协同布置设计技术规定》，用于指导各专业开展工作。

各专业布置设计根据正向设计过程，对逐步深化的各个设计活动设定状态值，每个专业均定义从 0 到 100 的完整设计状态；每个设计模型物项均赋予设计状态值，该状态值表征了其宿主模型处在相应的设计活动中并(应该)达到相应的设计深度要求。以管道设计为例，管道三维设计全周期流程及状态值设置见图 3-4，相关规定详细列明在下节所述的《管道三维设计技术规定》中，其他专业设计全周期流程及状态值规定也均在程序中明确。如此一来，协同设计的准则在程序规范和工作流程上实现了统一。

3.1.4　三维设计项目技术细则体系

除了建立工作流程，搭建三维设计平台，还需要制定相应的工作程序以指导实际工作开展。中广核设计院对三维正向设计过程进行了全面研究分析，制定了一系列程序规范，部分程序已在前文提及。该系列程序规范可分为三个层次，简要说明如下。

企业标准：是遵守公司质量保证要求，遵照《设计和开发控制程序》，为控制三维设计过程而编写的涵盖三维设计内容与深度要求、多专业三维协同方法、三维设计过程管控机制、三维设计平台通用技术要素等的指引性规范。

管理/技术规范：是为规范专业在三维设计平台上的各项设计活动，保证三维设计

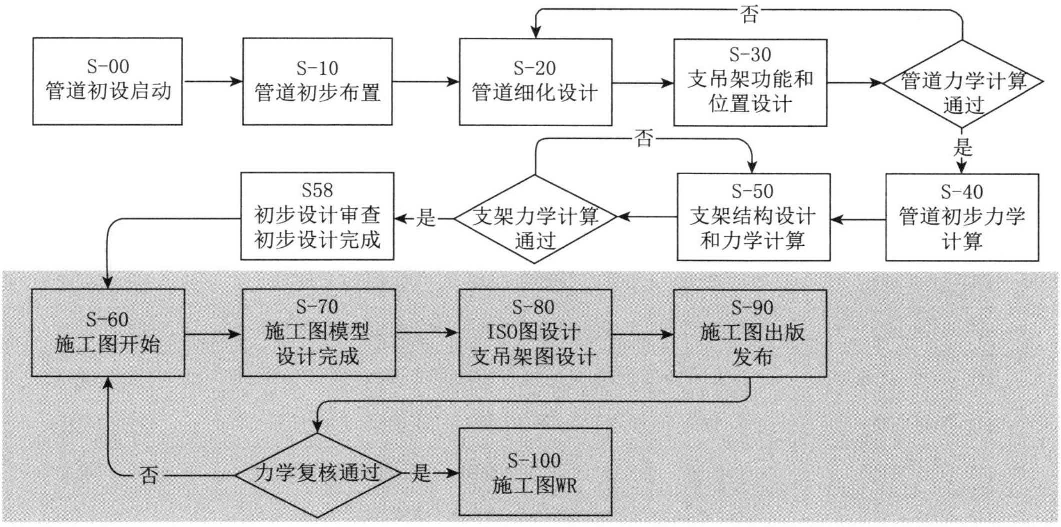

图 3-4　管道三维设计全周期流程及状态值

工作的顺利开展及设计成品的最终质量而编写的强制性规则要求。

设计说明：未包括在以上两类中，是为规范或记录具体工作中某个局部或细节而编写的说明类文件，例如在设计手册类文件中已经编写了管道模型系统一致性校验细则，明确规定了此项工作开展的专业、目的、内容、校验工具、记录的说明文件模板等，但为了使设计人员更好地熟悉和掌握，可增加设计说明类文件，详细描述该项工作的设计输入获取方式、沟通交流人员以及参照的设计规范、手册的具体内容(见表 3-1)。

表 3-1　三维技术细则体系

标准/程序编码	程序名称	程序类型
Q/CNPEC 172—2019	核电厂 PDMS 三维建模通用技术规范	企标
Q/CNPEC 173—2019	核电厂 PDMS 三维出图通用技术规范	企标
Q/CNPEC 174—2019	PDMS 三维基础数据库建库技术规范	企标
Q/CNPEC 21—2019	核电厂三维布置设计工作导则	企标
Q/CNPEC 22—2020	三维布置设计平台设置与数据管理规范	企标
PJ-30E-002	三维布置设计管理规定	管理规范
WD-EDE-182	PDMS 三维设计数据管理细则	管理规范
PJ-T0E-021-R	三维布置设计技术规定	技术规范
PJ-T0E-029-R	三维布置设计模型碰撞检查技术规定	技术规范
PJ-T0E-611	PDMS 三维建模通用技术规范	技术规范
PJ-T0E-612	PDMS 建库工作流程规定	技术规范
PJ-T0E-602	PDMS 布置图出图技术规定	技术规范

续表

标准/程序编码	程序名称	程序类型
PJ-T0E-601	PDMS 管道 ISO 图出图技术规定	技术规范
HL-T0E-023	华龙一号项目 PDMS 三维模型层次结构规定	技术规范
HL-T0E-024	华龙一号项目混凝土结构 PDMS 三维建模技术细则	技术规范
HL-T0E-025	华龙一号项目钢结构 PDMS 三维建模技术细则	技术规范
HL-T0E-026	华龙一号项目管道 PDMS 三维建模技术细则	技术规范
HL-T0E-027	华龙一号项目暖通 PDMS 三维建模技术细则	技术规范
HL-T0E-028	华龙一号项目电气与仪控 PDMS 三维建模技术细则	技术规范
HL-T0E-029	华龙一号项目设备 PDMS 三维建模技术细则	技术规范
HL-T0E-030	华龙一号项目支吊架 PDMS 三维建模技术细则	技术规范
HL-T0E-031	华龙一号项目空间和虚拟物项三维建模技术细则	技术规范

3.1.5 三维协同设计平台搭建

搭建“华龙一号”项目三维协同设计平台是开展“华龙一号”正向设计的前提，平台搭建、平台运维、平台安全稳定等直接关系到正向布置设计工作的效率。全面做好平台建设工作，能够最大限度地实现企业在三维布置设计平台方面管理的稳定性，有利于发挥多专业协同设计的优势，能够最大限度地实现平台内设计成果在项目间的资源共享。

(1)异地协同网络建设。为满足“华龙一号”首堆正向设计各异地设计端的协同设计需求，本项目异地协同网络建设采用以 GLOBAL 异地协同技术为主、远程 CITRIX 访问技术为辅的建设方案。各个异地端通过集团网或设计专线联通，设计数据实现每日同步。

(2)PDMS 平台运管体系建设。为更好地支撑华龙项目 PDMS 平台三维设计工作，本项目制定了专门用于内部平台运维和管理的技术指导手册《PDMS 项目平台管理技术导则》。导则主要为 PDMS 项目平台管理的各项具体工作提供详细的技术指引，规范平台管理工作，保证平台有效运作。

(3)PDMS 平台数据安全及应急响应系统建设。“华龙一号”示范项目 PDMS 平台作为设计院使用专业及人数最多的软件平台，对其稳定性要求毋庸置疑。当平台出现故障的情况下，数据库备份工作的可靠性及平台快速恢复部署，是设计院对平台稳定性使用的迫切需要。应急系统的建设以平台服务器宕机作为突发事件，制定快速恢复工作流程，并定期进行项目演练，为平台快速恢复提供技术方案和指导。

至此，一套完整的 PDMS 三维布置设计平台建设与管理机制得以建立，三维布置异地协同设计平台在实际设计生产中运行高效稳定，为“华龙一号”示范项目设计高效的开展奠定了坚实的基础。

3.1.6　三维设计数据库

三维模型数据承载着三维设计的过程和成果，通过三维设计全面深入应用，三维模型设计数据已实现了全专业覆盖，模型数据类别如图 3-5 所示。

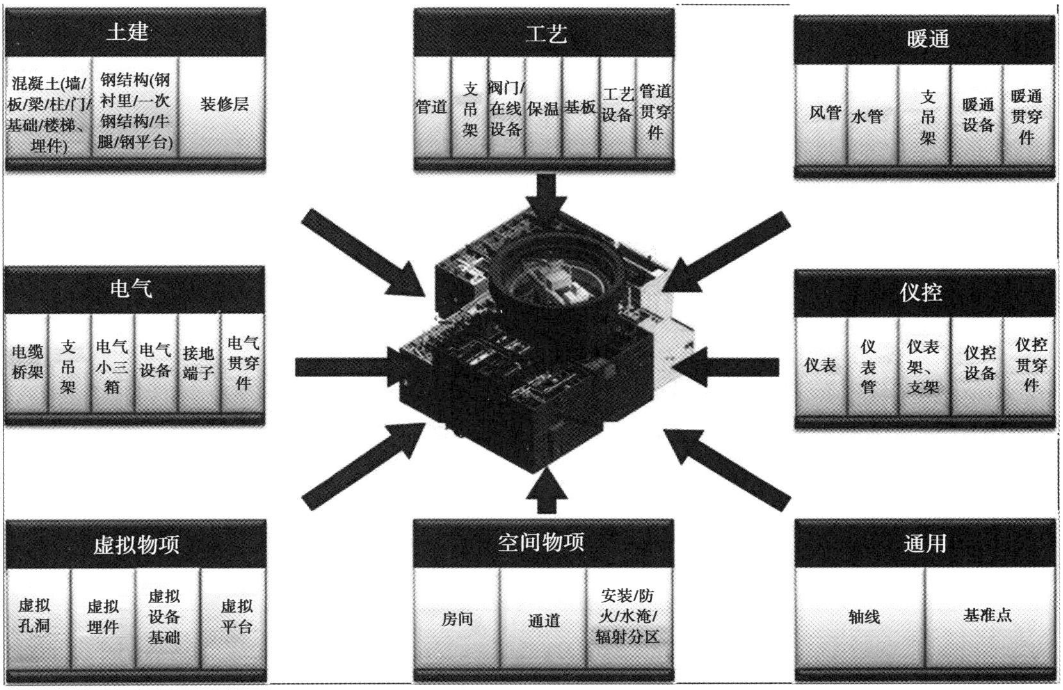

图 3-5　全专业覆盖三维设计

三维模型设计基准库(元件库/等级库/特性库)的建立是开展三维设计活动的基础，是实现元件驱动建模的前提，根据数据库内容和性质的不同又可以分为以下三类。

(1)标准元件数据库：包括标准元件的外形参数、工业标准、保温等级等。

(2)等级数据库：定义了元件所属的分类和等级。

(3)特性库：包括元件库和等级数据库以外的属性，如重量、密度和管道壁厚等特性。

依据各专业提供的设计输入，建立标准元件数据库/等级数据库/特性库，见表 3-2。

表 3-2　基础库建设成果表

序号	基准库名称
1	华龙一号项目标准管部件元件库
2	华龙一号项目标准管道等级库

续表

序号	基准库名称
3	华龙一号项目核岛管件属性库
4	华龙一号项目土建元件库
5	华龙一号项目钢结构与预埋件库
6	华龙一号项目暖通风管元件等级库
7	华龙一号项目电缆桥架元件等级库
8	华龙一号项目标准支吊架元件库
9	华龙一号项目阀门数据库
10	华龙一号项目仪表元件库

3.1.7 辅助设计系统工具体系

中广核设计院结合项目需求，开展工程设计和信息化技术的融合与延伸应用，自主开发一系列深度融合工程设计技术的信息化工具，并通过“华龙一号”项目的工程实践不断完善优化，取得了技术创新与服务生产的双丰收。部分主要系统/工具如表 3-3 所示。

表 3-3 自研系统工具列表

序号	名称	主要功能	工具代码
1	布置设计模型编校审系统	在线模型设计质量控制及质保	CAS
2	布置设计提资系统	孔洞、埋件、钢平台等需求，管道、暖通、电仪等设计专业向土建的在线提资	DES
3	布置设计数据质量检查系统	根据设计规范对模型数据进行检查，生成报表，帮助设计提高设计效率及质量	QIS
4	管道力学分析前处理系统	管道、支吊架设计与力学计算接口	MAP
5	核电厂结构配筋三维设计系统	基于 PDMS 混凝土模型，参数化的界面，只需少量参数输入即可完成结构配筋的计算和建模	NRS
6	核电厂三维可视化电缆敷设系统	基于布置模型(托盘、小三箱、用电设备等)的电缆敷设系统	CRS
7	核电厂智能出图系统	基于布置模型抽图的自动出图工具集，通过自动标注、自动提取信息等提高出图效率	IDS

续表

序号	名称	主要功能	工具代码
8	布置设计辅助系统	用以提高设计效率的辅助工具，如自动放坡、阀门选型、材料提取及汇总等	DAS
9	碰撞检查管理系统	自动导航碰撞，提高问题处理效率；报表发布至网页端，提升设计管理水平	CMS

工具系统具体实现过程，将在下面章节进行详细介绍。

3.2 平台响应性能提升

为实现布置设计平台性能的提升，确保各专业能基于平台高效开展相关设计工作，根据影响平台应用性能的瓶颈，从多个维度提出解决方案，技术开发与管理创新并举。主要从平台管理优化、异地协同设计技术开发、核心数据安全几个方面进行了技术提升。通过一系列行之有效的技术手段，最终保障了中广核布置设计平台满足大型项目布置设计工作的要求，平台访问迅速、数据安全可靠、基本功能齐全，平台应用性能得到大幅提升。

3.2.1 平台管理优化

根据 2.2 节对影响平台访问速度的原因分析，定位到影响平台性能瓶颈的因素后，团队决定开展平台性能优化，根据平台部署层次架构，主要分为应用服务器性能优化、数据库结构优化、项目管理优化三个方面。

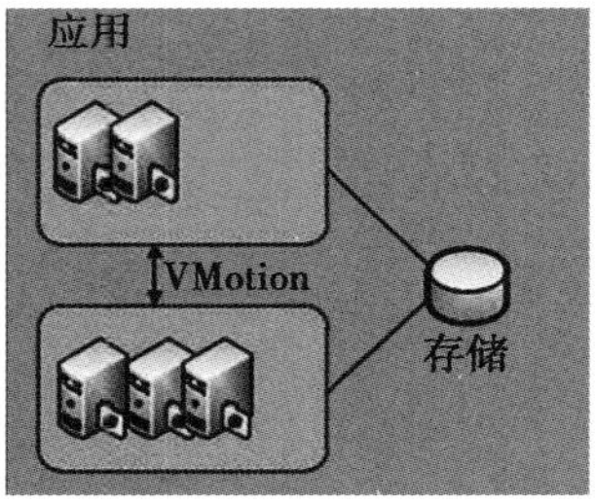

图 3-6 冗余架构示意图

(1)服务器性能优化

为确保服务器的可靠性、稳定性和数据处理性能，PDMS 平台后台服务器从原来的物理机统一改为虚拟机，采用新版本的操作系统、CPU 增加 1 倍、内存增加 1 倍。服务器虚拟化后采用冗余架构(见图 3-6)，实现了物理硬件级别的高可用性，提升了系统的安全性。数据存储迁移到高端存储并采用专业的集中存储，既提高了数据存储的可靠性，又大大提升的数据读写的速度。

(2)数据库结构优化

为优化项目平台的数据库结构，尽量提升用户访问平台的效率。根据项目出版的技术措施，对项目进行核岛、常规岛、BOP 三大功能设计区域的划分，每个功能设计区域又以土建、工艺、暖通、桥架、仪控等大专业划分设计数据库。同时根据不同的用户团体设置不同的工作区，如设计工作区用于各专业设计、出图工作区用于施工图出版、固化工作区用于技术状态管控。这样的平台数据结构方式为不同的用户团体提供了相对“独立”的工作环境，形成对平台数据访问分区管理，避免了特定用户登录平台时加载多余的模型数据，提升用户访问平台的效率。

(3)项目管理优化

为实现平台数据管理优化，项目团队决定对项目数据日常维护工作进行管理创新，主要从数据库压缩、应用监测、清理滞留用户和配置数据缓存空间等方面开展技术研究。

1)数据库压缩

为便于对用户对某一设计数据库的操作追溯，记录用户的详细操作过程，项目数据库在用户每保存一次时，对应的数据库将增加一次修改记录。随着设计过程的推进，数据库的记录会变得十分庞大，这样数据库文件容量会变得异常臃肿，如不对数据库进行“瘦身”，平台运转效率将快速下降。为此专项团队研究制定对数据库进行定期压缩(merge)的措施。整个压缩过程只会删去用户的操作记录，不会对数据库的实际内容进行任何修改，数据库的大小将显著减小，有利于提升平台访问效率。

2)应用监测

为实现从各个维度对项目平台的应用情况进行实时监测，以便于对平台稳定运行提供实时数据指导。专项团队配置无界面登录脚本，制定计算机任务处理任务计划，长期对平台用户使用情况开展应用监测，得出具体项目平台用户登录总数、各部门用户数、各专业登录用户数、各功能模块登录用户数、编校审批用户数、校审条目数等多个维度的用户登录信息，然后使用 Python 开发对数据进行可视化展示。既能实现对整个平台整体负荷的监测，也能为平台故障定位提供相关线索。

3)平台日常管理

由于大量的设计用户访问项目，很容易导致用户账号滞留平台，如不及时处理这批用户，很可能对平台数据的正常使用造成威胁。制定平台日常管理措施实现对项目滞留用户和申明列表清理，确保项目申明列表正常，从而减少了数据库异常情况的发生，降低了数据库致命错误产生的频率，保障项目平台稳定的运转。用户清理动作也可以根据项目需要灵活设置，可以一次性全部踢出全部用户，也可以针对特定业务的需要，对某些特殊用户进行不踢出处理，整个过程可指定时间由计算机自动执行。

3.2.2　平台异地协同设计技术开发

为实现平台响应性能提升在异地协同设计功能方面的扩充，专项团队根据异地协同拓扑原理，制定协同平台建设实施方案。各地开展独立的本地化服务器及客户端部署，项目数据存放在本地的服务器上，这样保障了本地客户端连接和访问项目的效率。各地服务器项目间通过 Daemon 建立通信服务实现平台通信。如各部署端有数据不一致时，同步就会由主权限端向其他端的方向开展。从而保障了各个设计端口的项目数据的一致性。项目异地协同设计平台数据协同主要内容包括各端平台通信、数据库权限分配、数据同步等方面，其基本逻辑原理如图 3-7 所示。

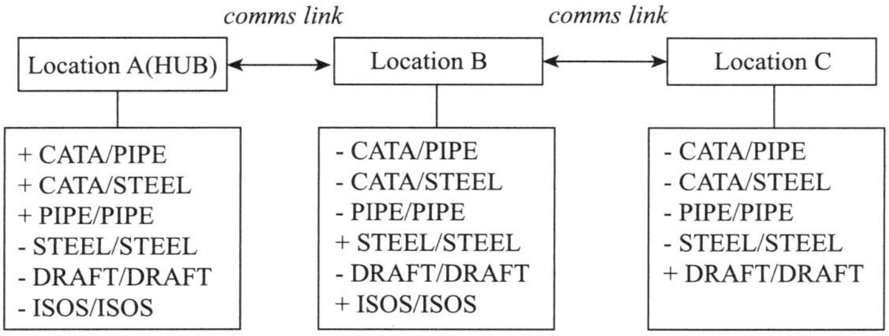

图 3-7　异地协同逻辑示意图

(1)平台通信

以 Location A 作为主端，建立参与异地协同设计的单位专线网络，形成各个异地点与主端的通信网络，满足数据同步频率需求的最低网络带宽要求，保证网络通信的服务端口畅通，符合 GLOBAL 通信协议的基本要求。

(2)权限分配(数据移交)

为实现各端平台本地化搭建部署，首先需要在主端建立包括各专业设计范围的完整数据库目录；然后根据设计分工对各个异地端进行数据库可见性分配；最后对异地端的数据库进行读写权限配置。权限分配完成意味着异地端可以开展各自分工范围内的三维布置设计工作。

(3)数据同步

为实现各端项目数据的一致性，保证所有参与设计的人员都基于相同的平台环境下工作，平台还需要定期开展数据同步。数据同步由主权限端(+号的 DB)向无修改权限端(-号的 DB)方向进行，确保各个端口的模型永远是最新的设计成果。一旦主权限端数据库发生修改造成与其他端数据库不一致时，平台会自动触发数据库增量同步机制。为提高数据同步效率，管理人员可以制定同步策略，如项目同步安排在非工作时间自动运行，这样可减少白天同步占用网络通信资源，也能够减少 PDMS 服务器的数据处理量，有利于提高服务器的运行效率。

3.2.3 平台安全稳定四道防线建设

为保证平台数据安全、稳定和可靠，根据上文提及的平台性能的痛点和风险点，制定以下四道数据安全防线。分别从网络环境、平台应用、后台数据备份、极端情况平台快速恢复应急响应四个方面开展技术研究与实施。

(1)第一道防线建设——设计专网

设计专网(见图 3-8)建设作为平台数据安全第一道防线，主要致力于建立一个区别于集团网和互联网的相对独立的设计网络环境。布置设计平台数据部署在设计专网内，所有参与三维布置设计的单位都基于设计专网开展三维布置设计工作。设计专网的优势在于可根据业务的需要针对性的制定网络安全策略，从而实现平台数据安全管控的高标准要求。

专网方案设计主要考虑如下方面因素：

1)“安全分区、专网专用、横向隔离、纵向认证”的原则；

2)区别于集团及其他成员单位网络之间安全防护标准的自身安全防护要求；

3)不影响设计业务，确保上下游业务数据交互通畅；

4)低成本，易用性，综合考虑建设成本及后续的维护成本。

(2)第二道防线建设——平台自身防御

平台数据文件权限管控策略和数据库自动修复技术作为平台自身防御的防线，在维护平台核心数据安全稳定上占有重要地位。同时，第二道防线能解决大部分平台故

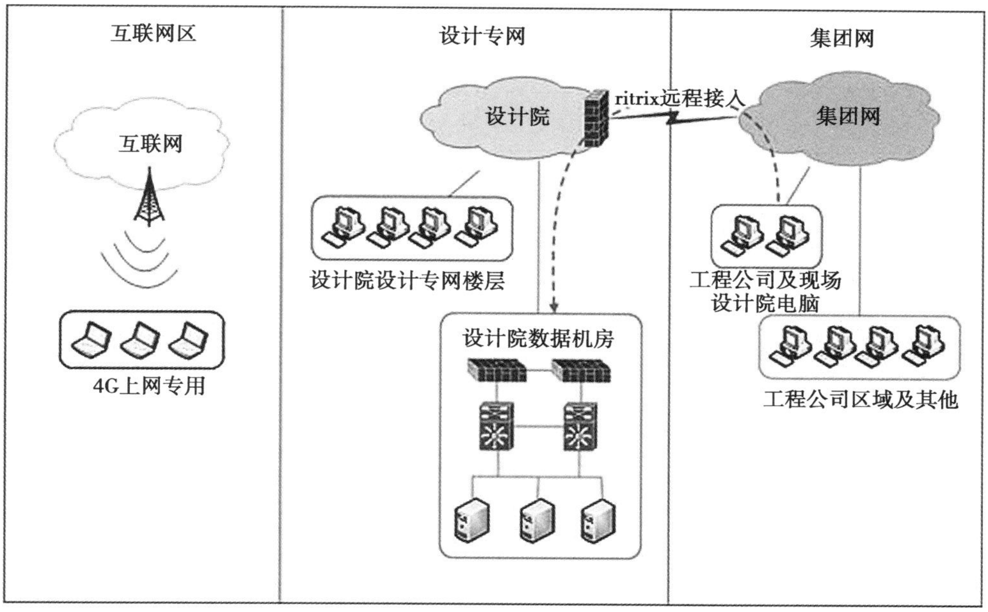

图 3-8 设计专网方案图

障问题，在维护平台性能稳定上起到举足轻重的作用。

1)数据权限管控策略

为实现核心数据的安全、稳定和可靠，防止核心数据的丢失和被人恶意修改、删除；同时为便于区别性授权，专项团队根据项目后台数据的功能对项目核心数据进行不同文件储存划分。“华龙一号”三维布置设计平台后台数据文件分类情况如表 3-4 所示。

表 3-4 “华龙一号”布置设计平台数据文件分类

文件夹	功能
共享	一般共享区域，所有 VPD 用户都可进行读写访问
VPD \ dcamisc	VPD 配置和管理、应用工具文件等
VPD \ vpd-db	所有 VPD 项目设计数据
VPD \ vpd-share	VPD 用户缓存区域
VPD \ base-cata	VPD 用户基础数据库项目文件

设置管理员组和设计用户域组，根据上述文件夹的功能用途进行权限配置，权限配置以确保最高安全防护下服务器与用户间数据能自由流动为原则。各文件夹权限控制详见表 3-5。通过制定文件夹权限管控策略，很好地实现了权限分层管理，授权方式既实现了用户对后台数据的读写，也很好地保证了后台数据的安全。

表 3-5 “华龙一号”布置设计平台数据文件权限管控

项目文件夹	VPD		
	V	U	A
一般共享	RWM	RWM	RWM
VPD	R	R	R
VPD \ dcamisc	R	R	RWM
VPD \ vpd-db	R	RW	RWM
VPD \ vpd-share	W	W	W
VPD \ base-cata	R	RW	W

对于用户角色，V 表示浏览者，U 表示用户，A 表示管理员。

2)数据库自动修复

数据库致命错误是影响平台运转连续性的重要因素，数据库致命错误属于平台性能风险因素的高损失高概率的风险。当平台高负荷运转时，很容易产生数据库致命错误，一旦错误发生，轻则导致模型不能修改，重则导致整个平台不能使用，甚至可能导致局部设计数据的丢失。因此，有必要研究数据库修复的技术。数据库自动修复逻辑流程如图 3-9 所示。

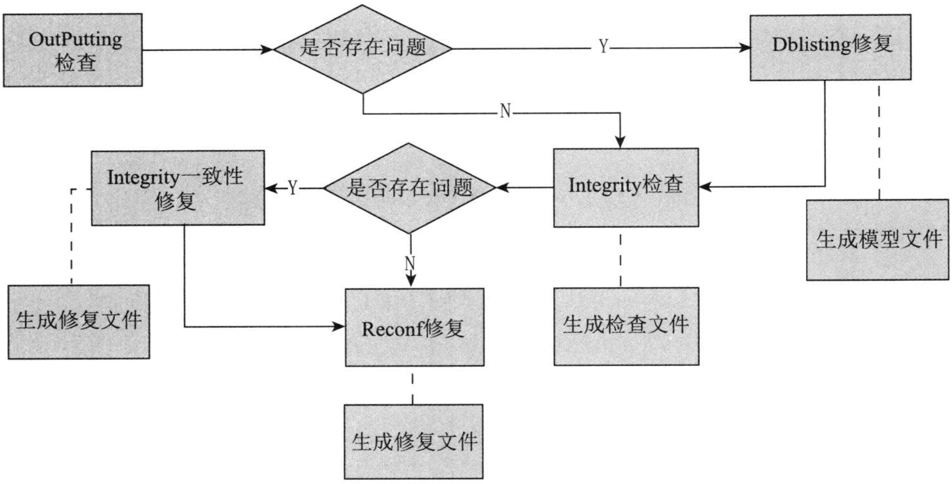

图 3-9 数据库修复逻辑流程

(3)第三道防线建设——备份策略

全方位数据备份策略是平台数据安全管控的第三道防线。第三道防线致力于后台源文件的保护，主要是为了解决第二道防线无法解决的，或者第二道防线失效造成的平台数据安全问题。

专项团队根据“华龙一号”三维布置设计平台数据规模提前做好备份规划和资源准备，明确备份主体、备份时间、备份策略、备份路径、备份范围等，为构建全方位的备份策略做好准备工作。具体的备份策略是项目三维数据文件在独立的服务器上进行数据备份，增量备份频率规定为一天一次，全项目备份频率规定为一周一次；为保证对历史数据的可追溯性，项目数据备份每月开展一次存档保存，保存周期设置为三年。为提高网络资源利用效率，数据常规备份操作一般安排在非工作时间进行。为保证备份数据在极端情况下的可靠性，还需要开展异地灾备(见图 3-10)。

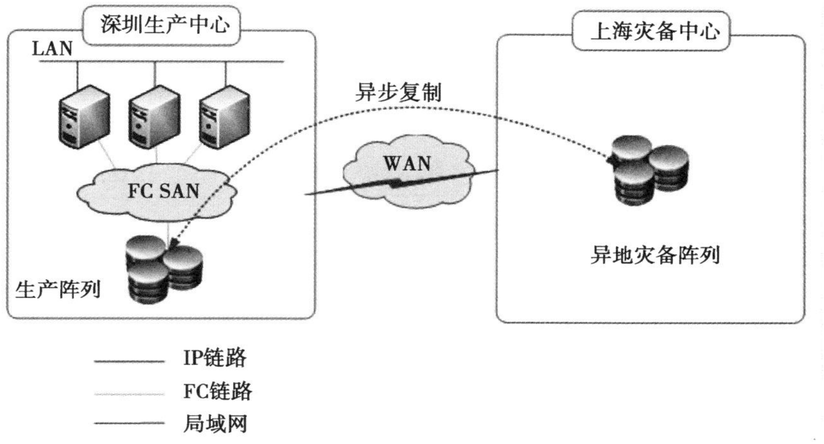

图 3-10　异地灾备

(4)第四道防线建设——应急预案

平台快速恢复部署是平台数据安全管控的第四道防线。第四道防线致力于指导平台快速恢复，主要是为了解决极端情况下(如服务器宕机)项目平台快速恢复部署，以提升平台的可靠性。

为应对 PDMS 三维协同设计平台突发事件，建立健全应急响应机制，有效预防、及时控制、最大限度地消除各类突发事件的危害和影响，制定如图 3-11 所示的 PDMS 快速恢复部署应急预案。

专项团队通过对应急预案进行演练，一方面验证并完善了预案，另一方面也为平台管理人员应对 PDMS 平台极端故障提供了标准的工作流程和处理方法。预案能实现在突发情况下以最短时间恢复完整的项目平台数据，将平台故障导致的宕机影响降至最低。相比在没有应急流程指导下，平台恢复效率提升约 2/3。

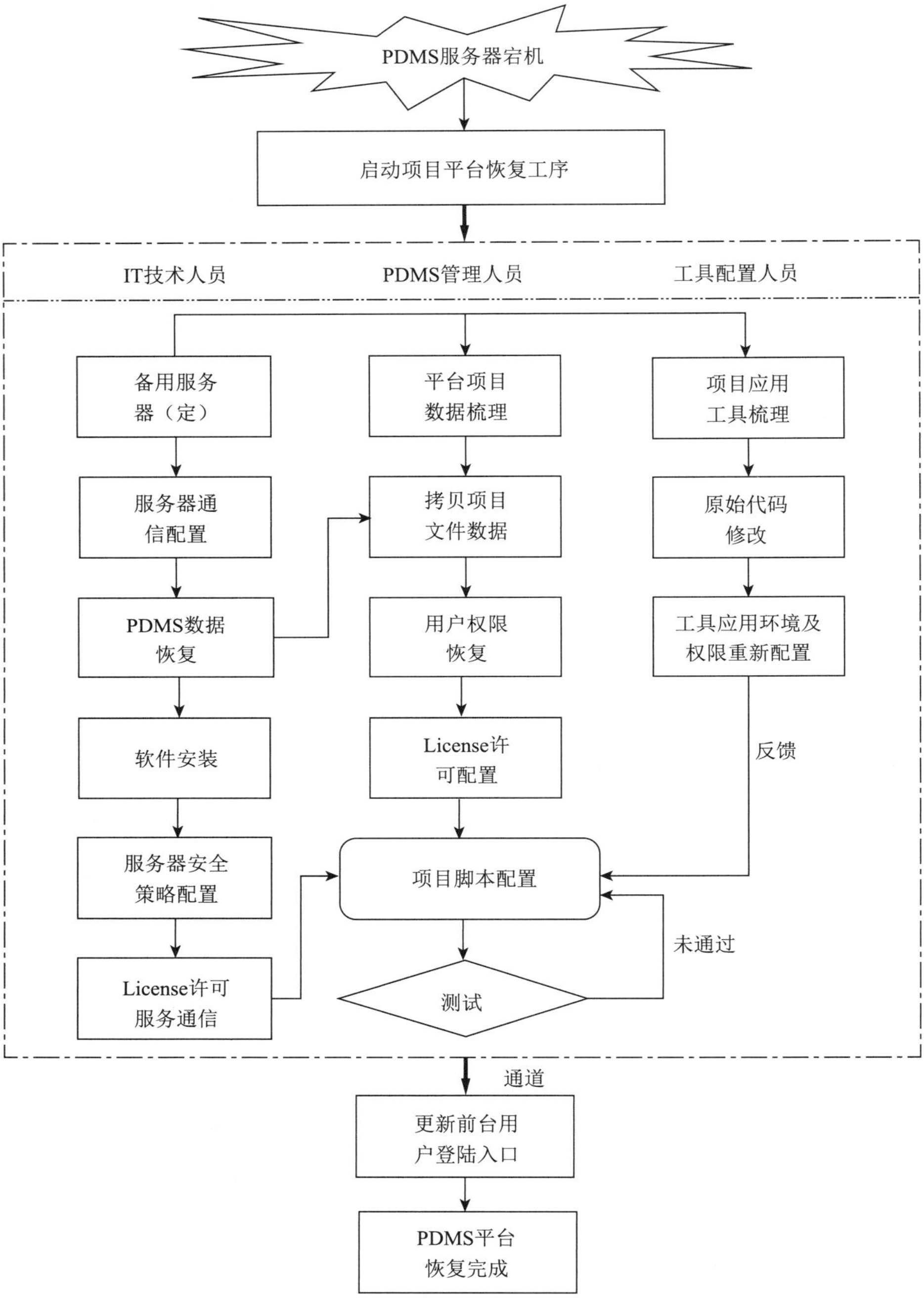
PDMS服务器宕机
启动项目平台恢复工序
IT技术人员
PDMS管理人员
工具配置人员
备用服务器（定）
服务器通信配置
PDMS数据恢复
软件安装
服务器安全策略配置
License许可服务通信
平台项目数据梳理
拷贝项目文件数据
用户权限恢复
License许可配置
项目脚本配置
测试
未通过
项目应用工具梳理
原始代码修改
工具应用环境及权限重新配置
反馈
通道
更新前台用户登陆入口
PDMS平台恢复完成

图 3-11　应急预案流程

3.3　模型质控系统开发

模型质量控制，是开展三维设计，形成设计成果的根本保障措施。“华龙一号”项目信息化团队，充分利用信息化手段，开发了布置设计模型编校审系统和布置设计数据质量检查系统，为“华龙一号”全专业三维布置设计模型质量控制上了双保险。

3.3.1　布置设计模型编校审系统开发

基于 PDMS 三维设计平台，开发的可视化布置设计模型编校审系统，集成所有三维布置设计专业，按照设计专业模型质量控制颗粒度，配置模型设计流程和状态控制，并记录设计过程，实现三维模型设计精细化，同时实现了权限可控的可视化编校审批设计过程管控。

(1)三维设计校审统筹管理

为了保证设计质量和控制设计深度进程，项目要求将电厂模型从初步设计到施工设计划分为若干设计状态，每个状态完成对应的设计内容，并对设计内容进行校审批。基于此背景开发的布置设计模型编校审系统，对三维设计成果进行统筹规范管理。

1)模型编校审流程中用户角色定义

配置三维设计编制、校核、审核、批准四类人员角色权限，严格限制模型修改权限。

①设计资质人员：具有模型新建、修改权限。

②校核资质人员：可承担设计人角色，此时具有模型新建、修改权限；承担校核角色时，无模型修改权限。

③审核资质人员：可承担设计人、校核人角色，仅且只有承担设计人角色时方有模型新建、修改权限；承担校核、审核角色，无模型修改权限。

④批准人：具有模型状态管理权限，可以提升、降低模型状态或退回。

2)定义设计状态下的设计内容

每个设计专业定义好初设到施设的状态值及其对应的设计内容(见表 3-6)，作为在开展每个状态的编校审批过程的工作依据，同时基于此建立模型检查规则。

表 3-6　设计状态下的设计内容

状态	阶段目标	管道结构基本工作内容
S_00/UNSET	管道三维布置设计启动	根据方案设计成果(或参考电厂模型)建立初步设计启动的零点模型，UNSET 为本项目新创建未经过编校审的物项
S_10	管道初步布置设计完成	管道敷设与系统流程图一致，系统设计与管道设计一致；管道及其部件命名符合编码规则；管道设计满足总体布置要求，管道初步柔性分析；管道设计无碰撞，坡度满足规范要求；管道与设备、管道、墙体、钢平台调整范围已考虑；管道穿墙标识
……	……	……
S_60	施工图阶段设计开始	提交施工图设计阶段，启动施工图设计
S_100	施工图图纸 WR 宣布	审查施工图纸

3)定制设计专业编校审流程

各三维设计专业可根据自身专业特点，定制符合本专业三维布置设计周期内的状态节点及编校审流程，灵活控制设计深度。图 3-12 为布置设计模型编校审系统给各三维设计专业建立的三维编校审流程示例。

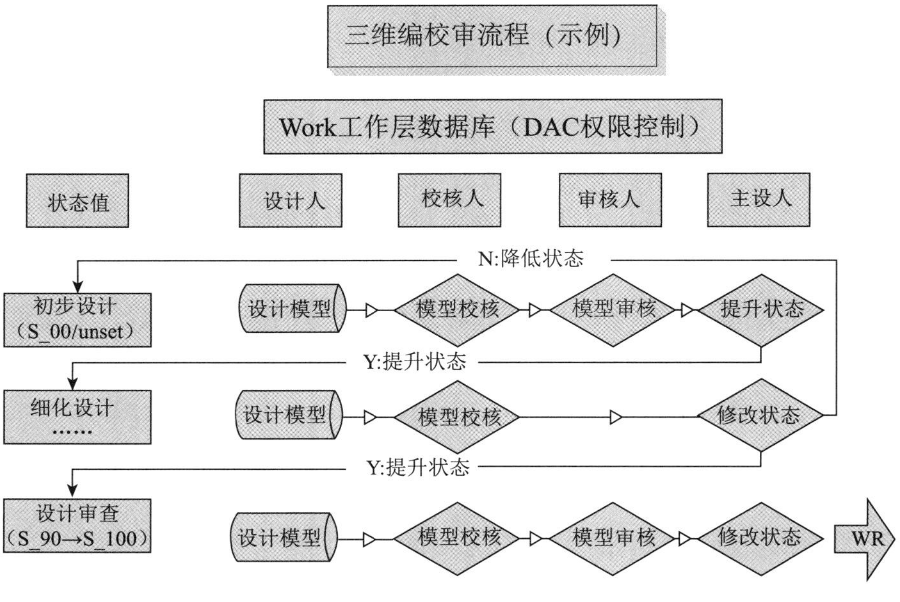

图 3-12　三维编校审流程

4）在线三维可视化校审批

布置设计模型编校审系统基于三维设计平台开发，三维设计用户可以在线提交三维设计成果，校审批用户亦可在三维设计平台实时、直观的检查三维模型（图 3-13）。

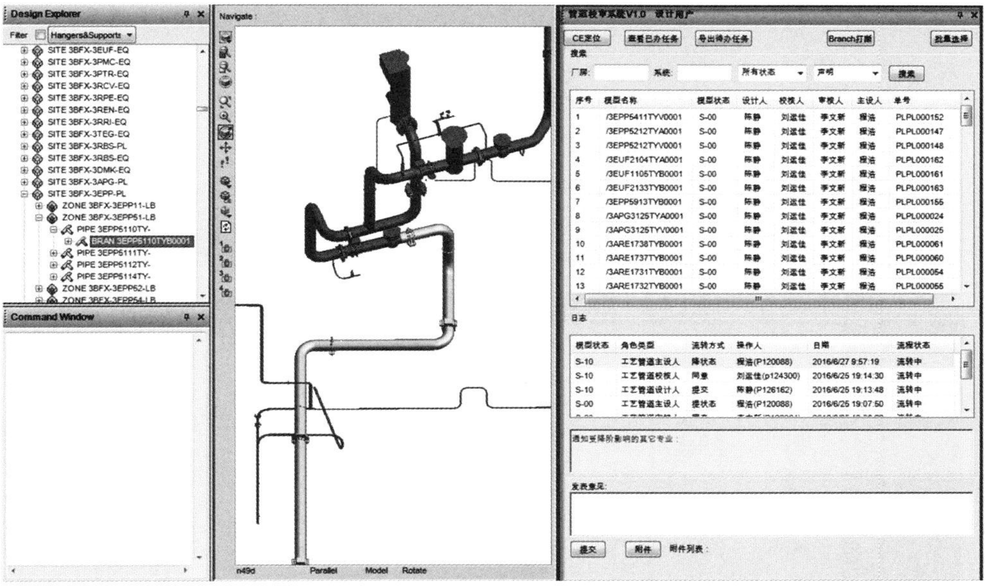

图 3-13　可视化三维编校审工作界面

5）设计过程记录和追溯

系统记录四类用户在布置设计模型编校审系统中的操作日志（图 3-14），明确设计职责和分工，并自动生成设计成品校审及质量评定单（图 3-15）。

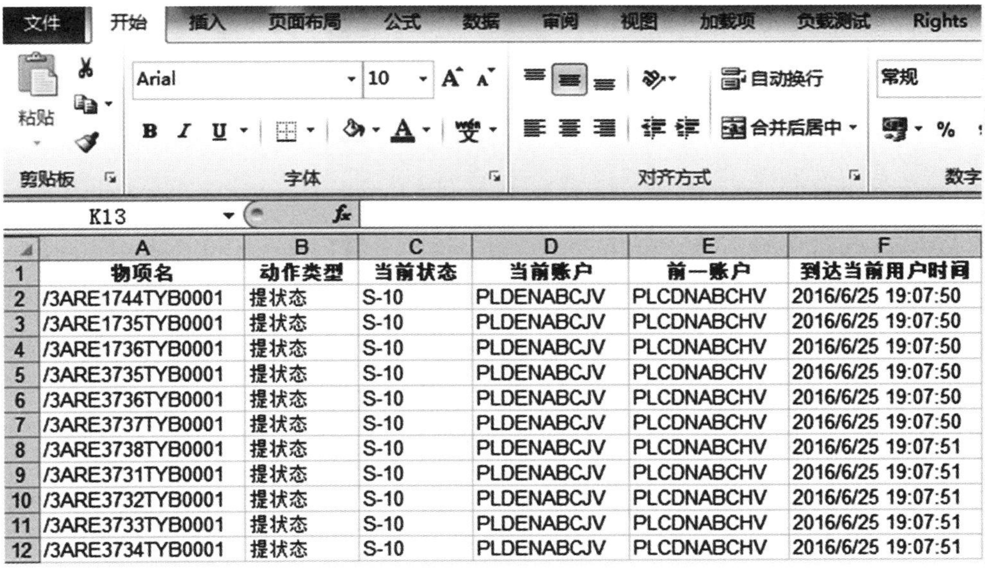

	A	B	C	D	E	F
1	物项名	动作类型	当前状态	当前账户	前一账户	到达当前用户时间
2	/3ARE1744TYB0001	提状态	S-10	PLDENABCJV	PLCDNABCHV	2016/6/25 19:07:50
3	/3ARE1735TYB0001	提状态	S-10	PLDENABCJV	PLCDNABCHV	2016/6/25 19:07:50
4	/3ARE1736TYB0001	提状态	S-10	PLDENABCJV	PLCDNABCHV	2016/6/25 19:07:50
5	/3ARE3735TYB0001	提状态	S-10	PLDENABCJV	PLCDNABCHV	2016/6/25 19:07:50
6	/3ARE3736TYB0001	提状态	S-10	PLDENABCJV	PLCDNABCHV	2016/6/25 19:07:50
7	/3ARE3737TYB0001	提状态	S-10	PLDENABCJV	PLCDNABCHV	2016/6/25 19:07:50
8	/3ARE3738TYB0001	提状态	S-10	PLDENABCJV	PLCDNABCHV	2016/6/25 19:07:51
9	/3ARE3731TYB0001	提状态	S-10	PLDENABCJV	PLCDNABCHV	2016/6/25 19:07:51
10	/3ARE3732TYB0001	提状态	S-10	PLDENABCJV	PLCDNABCHV	2016/6/25 19:07:51
11	/3ARE3733TYB0001	提状态	S-10	PLDENABCJV	PLCDNABCHV	2016/6/25 19:07:51
12	/3ARE3734TYB0001	提状态	S-10	PLDENABCJV	PLCDNABCHV	2016/6/25 19:07:51

图 3-14　三维编校审日志

状态	编校审	操作人	动作	意见	日期
S-00	编制	[illegible](P126162)	提交	gxc test	2016/6/25 17:59:52
	校核	[illegible](p124300)	同意		2016/6/25 18:11:16
	审核	[illegible](P123364)	同意		2016/6/25 19:06:23
	主设人	[illegible](P120088)	提状态	gxc	2016/6/25 19:07:50
S-10	编制	[illegible](P126162)	提交	.	2016/7/18 10:21:11

图 3-15　设计成品校审及质量评定单

(2)模型权限跟随流程流转

在三维设计平台打开布置设计模型编校审系统，对模型校审单元进行声明(声明后也可取消)→布置设计→提交流程(或转交)→校核(或同意、退回、转交)→审核(或同意、退回、转交)→批准(升降状态)，实现模型控制权限的自动流转。编校审批用户的设计权限在校审单元模型整个流转过程中都得以严格控制。

(3)编校审系统授权与平台设计权限绑定

布置设计模型编校审系统的用户授权直接读取三维设计平台的授权用户，即继承三维设计平台的授权。三维设计平台用户授权时，设计账号按照“华龙一号”三维设计用户编码规则建立，并给定设计组和绑定设计 ACR 规则。授权账号可实现三维设计权限划分和模型权限按照定制的编校审流程流转，直至设计完成(见图 3-16)。

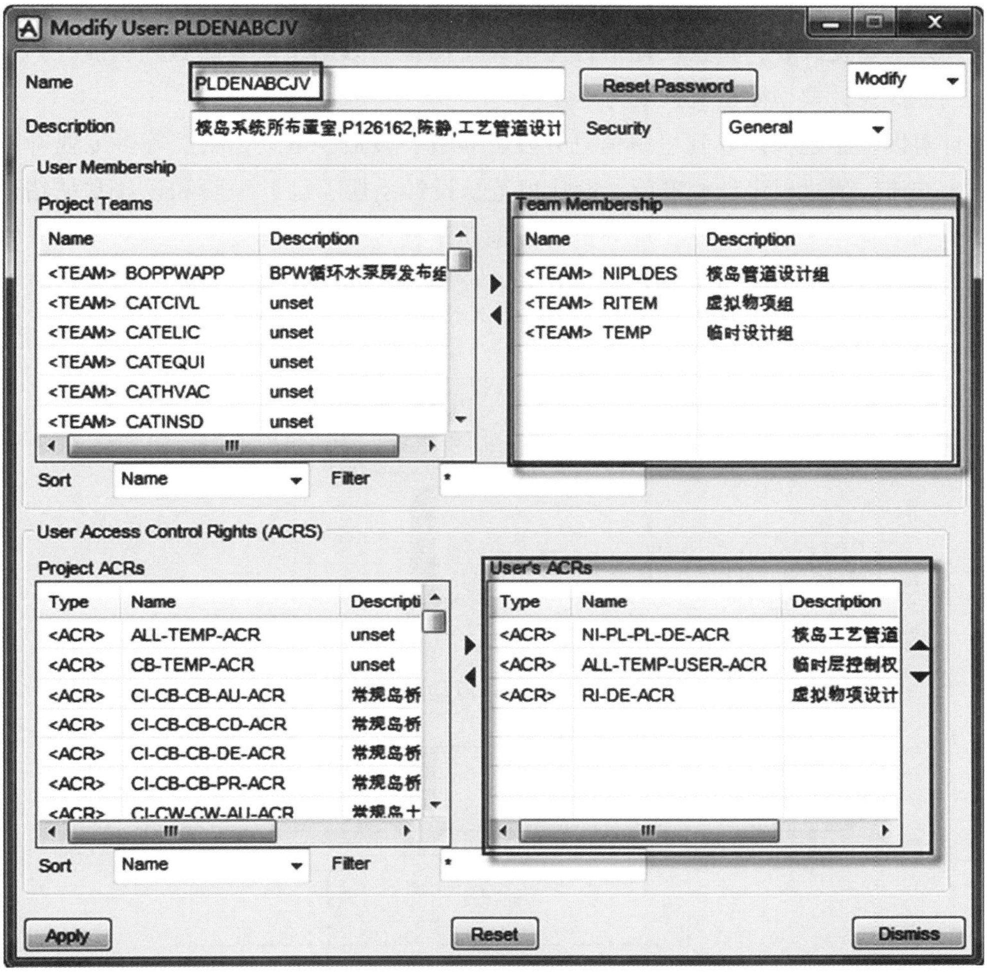

图 3-16　系统用户授权示例

3.3.2　布置设计数据质量检查系统开发

随着“华龙一号”首堆设计在基于 PDMS 的三维布置设计平台上全面应用，在实际设计过程中面临以下问题：第一，各专业设计产生的三维设计物项多、物项模型复杂、每类物项还对应其设计状态、校审设计活动，最终形成的设计参数属性等数据达到百万数量级；第二，“华龙一号”是首堆自主设计，设计过程中面临大量的设计迭代，经常出现由于专业接口变化、设计优化等导致设计方案的修改；第三，设计人因失误率比较高，面临着海量的设计数据，超高的设计迭代反复率，再加上项目进度的压力，设计人员的人因失误率比较高。

设计院一般质量检查采用抽查的方式开展，设计成品的数据量庞大，设计流程和接口复杂，即使是抽查10%设计成品都是需要很大的人力投入，并且质量检查工作是需要周期性重复开展，布置设计平台尚不具备模型大数据质量智能检查功能，如何更高效的完成设计模型质量检查成为难题。

针对以上难题，设计院组织信息开发、布置、暖通、电气、仪控等多专业开展多次技术交流，通过对设计校审单、设计规范、设计手册、设计经验和设计常见错误进行研究和细化，形成可量化、可判定的数据质量检查规则。开发人员再从软件开发的角度对规则进行了分类，主要是属性检查、模型检查与便捷检查功能，并构建其基础框架，如图3-17所示。

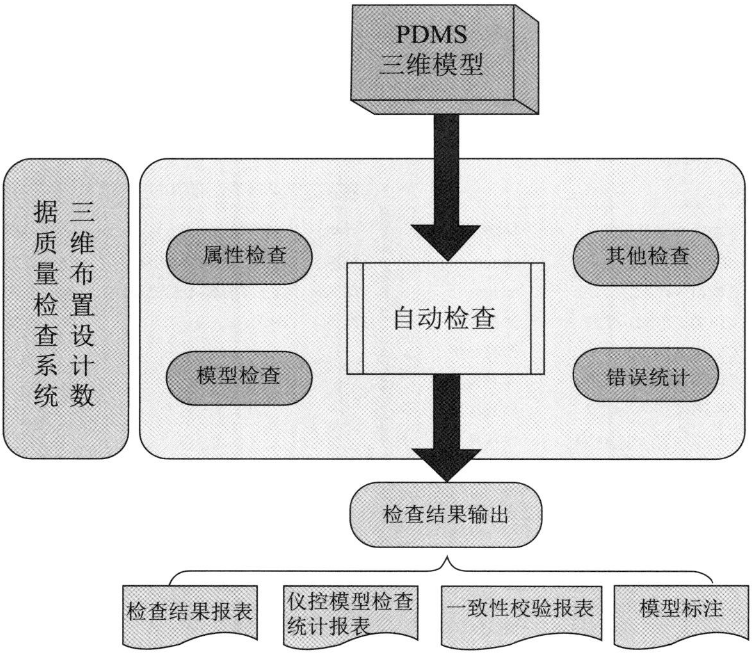

图3-17　布置设计数据质量检查系统框架

(1)属性检查

属性检查是指模型自身的设计属性检查，主要依据设计手册、行业规范及接口提资等，按照各专业提出的属性检查物项类别及检查内容，判断三维模型属性值(设计数据)是否正确的检查。

【典型案例——弯头、弯管选型检查】

通过模型数据的提取得到弯头、弯管的设计数据，图3-18中模型的弯头所在管径为DN50，弯头角度为40°，在《管道等级表》规定，管径在DN50到DN100之间，并且弯头角度小于45°的只能使用弯管，可判断该弯头选择错误，应使用弯管。

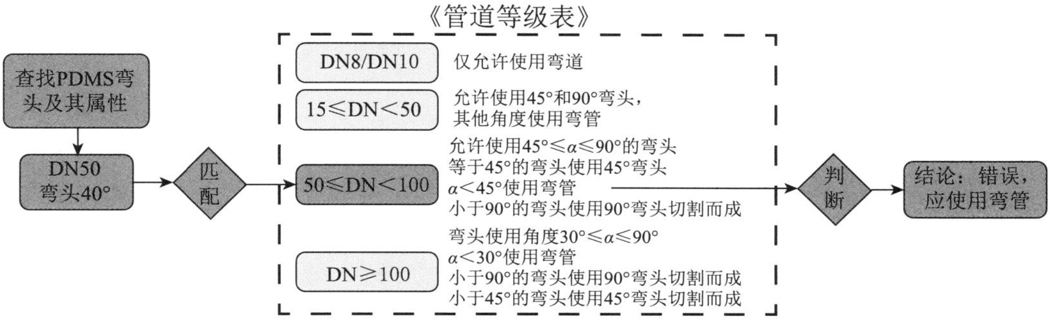

图 3-18　弯头、弯管选型检查判断逻辑

(2)模型检查

模型检查是指模型自身几何外形的检查，其往往无法通过直接提取模型属性值来判断正确性，需要提取模型的外形参数数据后，运用数学(立体几何、解析几何、线性代数等)和计算机(计算机图形学)知识形成算法，进行运算后判断三维模型的建模是否正确。

【典型案例——风管支架内部型钢边缘是否平齐检查】

通过提取风管支架模型的基本参数，然后识别支架类型、型钢数量、每根型钢之间的对应关系等，如图 3-19 所示，计算两型钢端面的共面关系，从而判断支架内部型钢边缘是否平齐，具体判断流程见图 3-20。

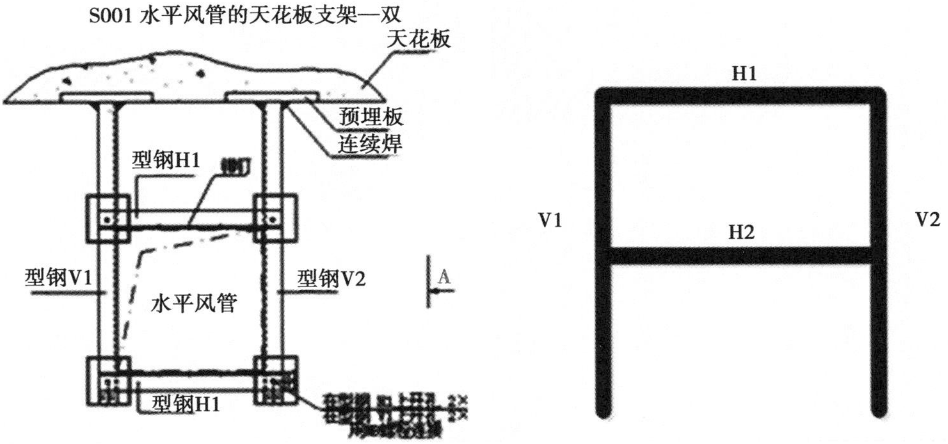

图 3-19　风管支架模型及型钢示意图

(3)快捷检查功能

快捷检查功能，主要是指模型与模型之间的数据关联检查，如相邻支架间距检查、孔洞/埋件周边物项距离检查、消防喷头与附近物项距离检查、虚拟孔洞与埋件一致性检查等等。

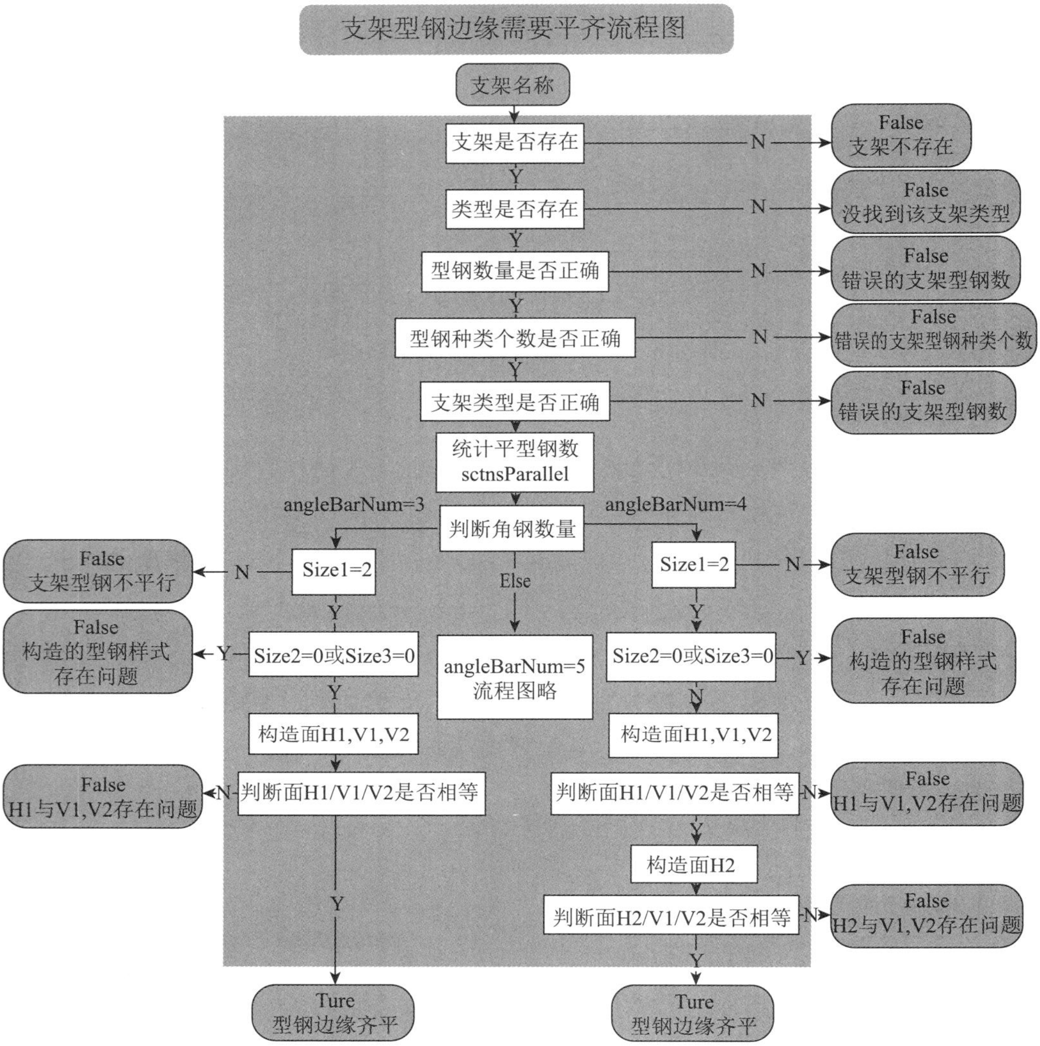

图 3-20　风管支架内部型钢边缘是否平齐检查流程图

【典型案例——自动标注埋件与周边物项的距离】

通过几何计算自动标注埋件与周边物项的距离，并判断其是否满足设计要求，如图 3-21 所示。

根据以上研究和梳理，利用 PML、. NET 等关键开发技术，历经长达 1 年的时间，最终布置设计数据质量检查系统成功研发。该系统利用三维模型大数据强大的智能关联，植入设计准则的规则驱动，首次建立了涵盖工艺管道、暖通、托盘和仪控等各类物项的三维布置设计检查体系，实现了 181 项设计模型的数据检查、33 项设计标准和规范检查、26 项数据质量检查报表导出，且各类模型可直接在系统中修正(可设置自动修正)，无需再次寻找模型修改等功能，有效地降低三维布置设计的模型错误率，提高

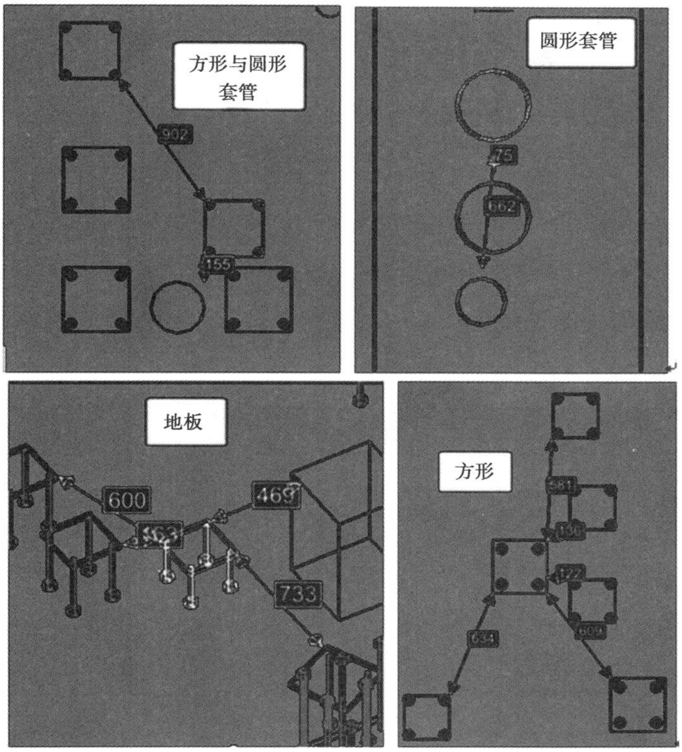

图 3-21　埋件周边物项距离检查

模型的数据质量，减少人工检查时间。

以工艺管道为例，就形成了 22 个检查大类，细分成了 82 个检查小项，实现了对三维设计成品全自动、无人工干预的质量检查，极大提高了设计质量和效率，模型数据质量检查趋势图如图 3-22 所示。

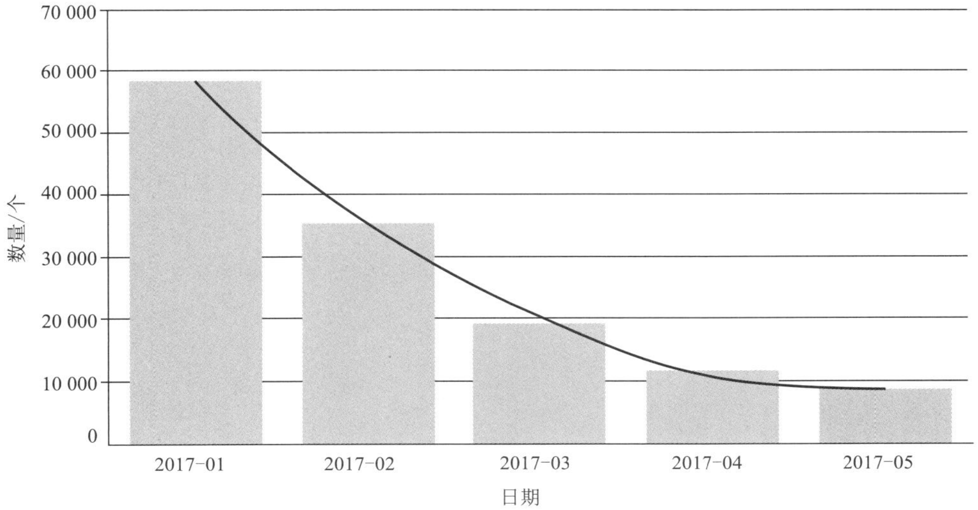

图 3-22　模型大数据质量检查错误数量趋势图

应用布置设计数据质量检查系统检查出的错误项实行闭环管理。考虑人力投入的经济性，模型大数据质量检查工作结合项目进度需求，按照质量错误项的轻重缓急，逐步消除发现的错误。同时考虑到设计迭代多的因素，为减少重复性的设计工作，在重要设计节点设置最低通过标准，如初步设计固化节点、施工图移交节点等，所有检查发现的错误项必须复核确认并完成修改后才能开展下一个设计节点的设计工作，确保最终设计成品的正确性，最大限度地降低了设计变更。

如核岛工艺管道模型大数据质量校验通过 PTS 任务下发平台(图 3-23)，后台定期将检查错误项下发至详细设计负责人，设计负责人对错误项进行复核确认，并对错误项开展设计修改，最终完成质量检查工作的闭环。

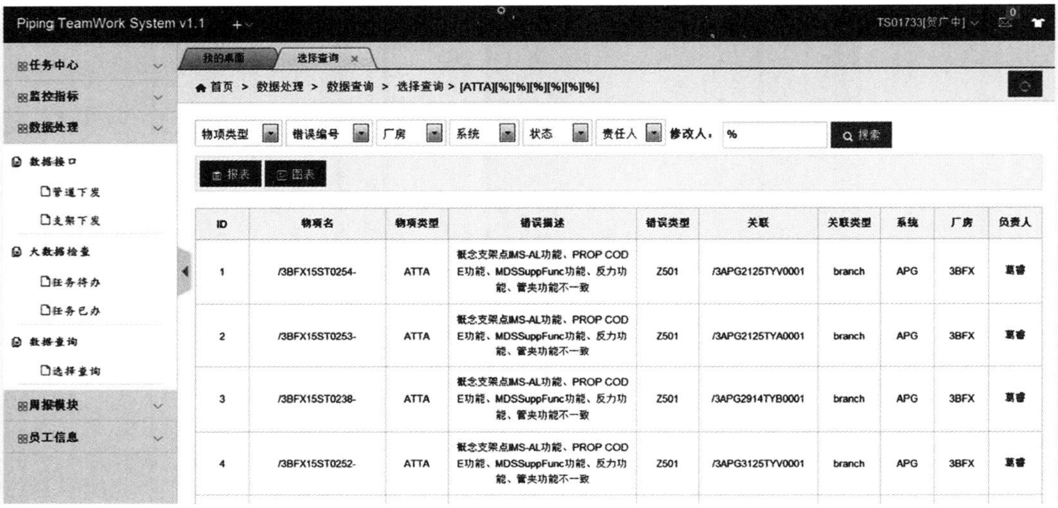

图 3-23 PTS 任务下发平台

3.4　在线协同系统开发

3.4.1　布置设计提资系统研发

布置设计提资系统，借助三维虚拟物项技术，实现了各专业向土建专业提资方式从分散式的二维提资到规范化、标准化、电子化及协同式的三维可视化提资的转变；利用开发的一系列自动建模工具，显著提高了多专业协同设计质量和效率；该系统使提资过程实时、高效、可视、可控，完美的可追溯性可有效控制无用的孔洞、埋件、设备基础、钢平台及次梁的产生，极大减少施工阶段的工程浪费。

(1)系统总体架构

布置设计提资系统总体架构如图 3-24 所示，包括三个部分。第一，基于 PDMS 三维设计平台进行二次开发，开发大量的设计工具用于土建接口三维自动化设计，包括三维可视化提资、自动建模、自动校验，在线编校审流程控制和自动出图；第二，通过接口程序进行土建接口布置设计之间内部各个环节的数据交互和流程控制，保证设计数据的实时联动，以及设计数据的一致性；第三，使用 SQL Server 数据库存储设计过程数据，实现设计成果的数字化，便于设计各个环节实时共享。

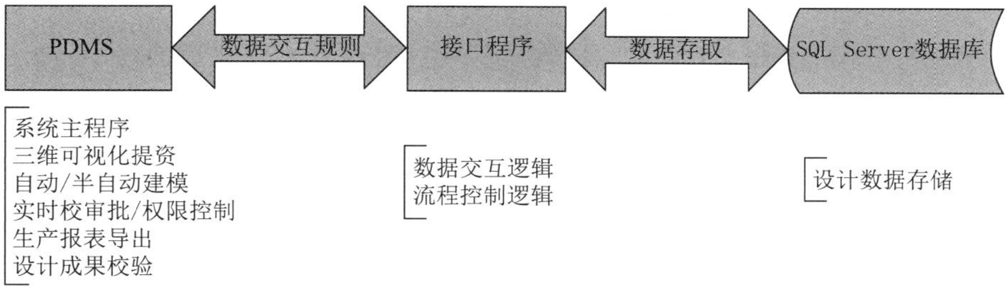

图 3-24　布置设计在线提资系统架构图

(2)系统技术实现原理

布置设计提资系统依托虚拟物项技术，通过三维可视化在线提资流程，配套建设土建接口模型辅助设计工具，建立了一套在线数字化提资系统。系统实现技术原理如图 3-25 所示。

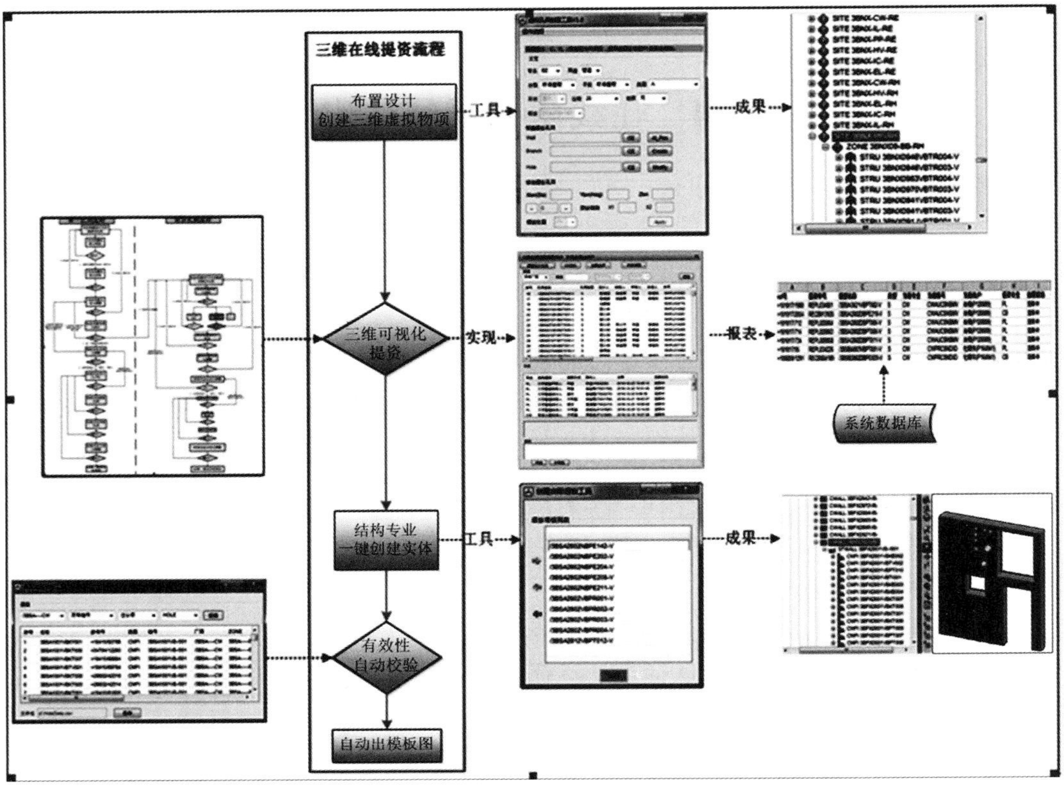

图 3-25　系统技术实现原理图

(3)在线提资辅助设计工具助力提资效能提升

1)创建三维虚拟物项

在 PDMS 三维布置设计平台中，三维虚拟物项是由基本体构成的模型，依据项目三维建模规范存放在指定的层次结构下，是布置专业向结构专业提资的数据载体，可形象直观展示要创建土建接口的各类数据信息，包括类型、方向和位置等。本项目基于 PDMS 平台开发工具，实现全自动化/半自动化创建虚拟物项模型。

2)三维可视化提资

由布置、综合布置和结构专业共同制定的土建接口在线提资流程，将各专业设计协同关系串联起来，结合虚拟物项权限控制，达到多专业协同设计的目的，并实现设计成品在线实时校审批，保证设计质量。

同时，基于 PDMS 平台，采用 PDMS 平台自带的 UDA 属性设置技术，实现虚拟物项操作权限(Access Control Rights，ACR)控制，包含设计、校核、审核、批准权限。

3)一键创建实体

基于 PDMS 平台三维引擎，自动获取三维虚拟物项提资数据，并开发一键创建实体工具，实现土建接口批量化、自动化建模，从而极大地节省建模时间。

4)有效性自动校验

根据土建接口设计特点，开发孔洞、埋件在线校验工具，对孔洞、埋件进行自动校验，确保一致性，提高设计质量。

(4)技术创新与变革

首次实现土建接口三维数字化协同设计，实现从二维布置设计向三维布置设计方式的转变，实现了跨专业的三维可视化在线提资。实现了土建接口三维布置设计的自动化，通过一键创建实体等技术，显著提高三维结构建模效率，解决了依靠图纸开展设计费时费力的局面，提高设计效率。实现了土建接口三维布置设计全过程可跟踪、可追溯，保证了土建接口设计质量。

(5)数字化提资未来可期

随着土建接口三维在线提资系统应用的逐步成熟，布置-力学设计平台间数字化提资试点开发也已启动，并达到项目应用水准。未来，在“华龙一号”自主研发项目上，多专业协同设计将越来越高效和便利。

3.4.2　系统与布置设计协同

系统设计(二维)是核电工艺设计的源头，其为下游布置设计(三维)提供设计输入，系统设计及工艺布置产生的设计属性及模型数据量庞大，人工核查耗时耗力，不能及早发现二维与三维设计中的差异，迫切地需要一项检查功能，能够方便快捷地对二三维数据的一致性进行校验，以确保设计数据向生产安装专业传递的准确无误。

系统与布置设计一致性检查系统的研发实现了系统设计与布置设计属性数据一致性校验、属性数据传递及设计逻辑一致性(如管道连接对象的一致性、阀门前后管件信息一致性、管道上管件排列顺序一致性等)校验等功能，通过对系统设计平台与 PDMS 中的设计属性以及逻辑属性的校验，保证布置设计与系统设计的一致性，提升设计效率。

系统与布置设计一致性检查系统架构如图 3-26 所示，包括三个部分。第一，基于 PDMS 三维设计环境进行二次开发，将二三维校验系统植入 PDMS 的运行环境中；第二，基于 PDMS 环境运行读取系统设计数据库中的二维数据信息，集合整理需要传递、对比的系统设计平台对应的数据信息，包括二维工艺设计对象、设备设计属性及设计对象的连接逻辑关系，同时从 PDMS 的数据库中抓取需要比对的三维数据，通过显性化的方式对二三维数据信息的一致性进行校验；第三，使用 SQL Server 数据库存储设计过程数据及校验的结果，便于结果查询与报表生成。

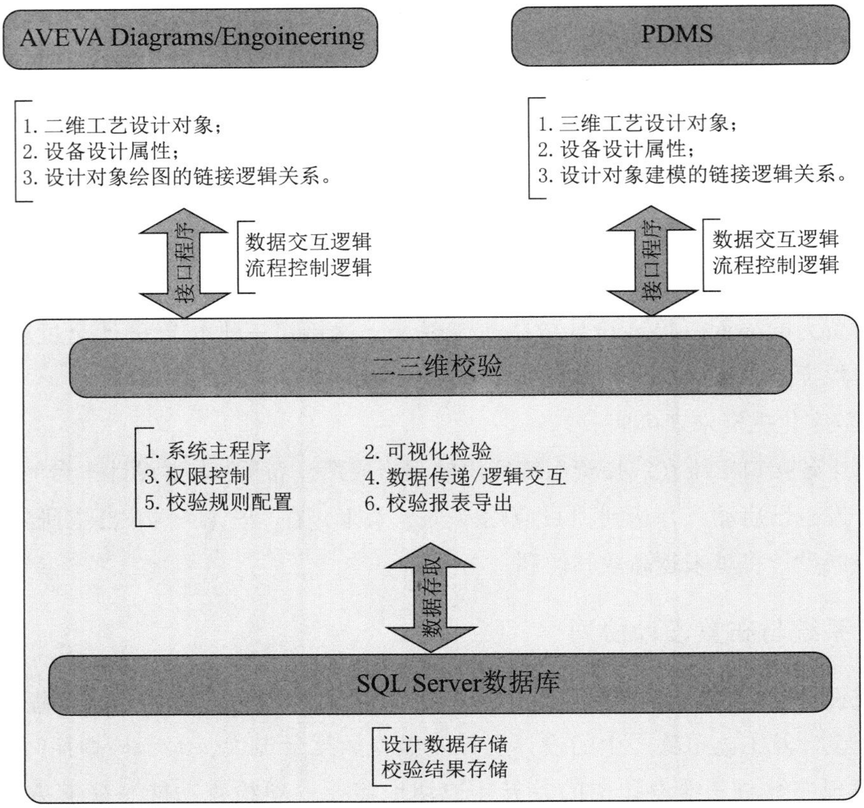

图 3-26　二三维校验系统架构图

系统与布置设计一致性检查系统的主界面如图 3-27 所示，利用该系统，三维设计人可随时检查所建模型是否符合二维系统设计的要求，保证一次建模的正确性。

系统与布置设计一致性检查系统具体实现如下功能：

(1) 对工艺管线、工艺设备的设计属性进行一致性校验。

(2) 对工艺管线、工艺在线设备的逻辑进行一致性校验。

(3) 基于 PDMS 运行环境，以物项 ID 一致为基础判断条件。

(4) 检查管线、阀门、在线元件及设备管嘴等物项建模与否。

(5) 检查管线头尾连接的正确性，检查设备管嘴的数量及接管信息的设置正确性，包括接口管线名称及公称直径信息。

(6) 按管道流向，检查阀门、仪表、三通、大小头等特殊部件顺流向建模的顺序与系统设计的一致性。表格显示校验结果，如有差异项，采用高亮颜色区分显示。

系统与布置设计一致性检查系统依托二维数据库与三维数据库开展，梳理工艺管线与工艺设备校验的典型属性如表 3-7，表 3-8 所示。

图 3-27　二三维校验主界面

表 3-7　管线(PIPE)属性值表单

序号	中文描述	二维		三维(PIPE 层)	
		属性	值(示例)	属性	值(示例)
1	功能位置码	Item code	3RRI1201TY-	name	3RRI1201TY-
2	机组+系统号	System Code	3RRI	: IMS-SYSTEM	3RRI
…	……	…	…	…	…
26	在役检查	In-service inspection	Y	: IMS-INSVINSP	Y

表 3-8　设备(EQUI)主要属性值表单

序号	描述	二维		三维(EQUI 层)	
		属性	值(示例)	属性	值(示例)
1	功能位置码	Item code	3RRI1210PO-	name	/3RRI1210PO-
2	设备类型?	Item type	CENTRIFUGAL PUMP	Function	CENTRIFUGAL PUMP
…	……	…	…	…	…
15	是否在役检查	In-service inspection	Y	: IMS-INSVINSP	Y

(1)技术创新与变革

1)实现了二维设计与三维设计数据信息校验的自动化，通过校验规则的配置，从设计属性到设计逻辑的全息数据自动进行校验(见图 3-28)，显著提高三维建模的正确率，有效解决了依靠人工核对费时费力的局面，提高设计效率。

2)在系统设计核心软件由 VPE 升级至 Engineering，底层数据库更新换代的背景下，通过前期的技术储备深入的挖掘 Engineering 底层数据库的技术框架与数据规则，迅速优化了系统与布置设计一致性检查系统，确保全面持续的深化应用系统与布置设计平台，实现正向二三维设计协同。

(2)前沿应用

除了系统与布置设计一致性检查系统，系统与布置设计协同在管道布置设计领域有了更深入的尝试与应用。

传统的三维管道布置，设计人员需要查看二维流程图、管线清单，并手动梳理出管线间的逻辑关系、头尾连接等信息，再对照相关信息创建三维模型，整个过程由于人因参与度高，在梳理信息的过程中易出错，导致三维建模效率低下。

为了提高系统与布置协同效率，我们尝试让系统平台和布置平台实现数据自动交互。在此过程中，由于系统平台基于 Aveva Diagrams/Engineering12.1 搭建，布置平台则是基于 Aveva PDMS12.0 进行建模，两者版本的不一致导致底层数据库无法直接相互访问，为了解决这个问题，定制了专用数据接口程序，使系统布置数据交互成为可能。同时，两者间数据表达方式也存在差异，例如管嘴表达格式需要统一，在系统图中支管的逻辑表达过渡到三维模型会根据管径的不同表现为三通或者支管座。这些在两个平台中数据表达存在的差异都需要进行统一。

图 3-28　二三维校验逻辑示意

在解决以上接口问题、数据表达问题后，系统与布置设计协同实现自动化。我们从 Diagram/Engineering 提取三维管道布置所需的通用数据，包括：管道名称、管径、起始设备、终止设备、逻辑关系(管道流向、头尾连接关系、流程图上阀门、分支、大小头、法兰等管道元件的连接顺序信息)等信息，从系统平台提取的信息直接存贮在布置平台中，用户在创建管道时可即时调用。同时，根据系统图，可提取图纸上所有的管线及管线间的逻辑关系，可解决管道布置逻辑顺序问题：依次通过管径大小、管道核级(非核级)、抗震(非抗震)、是否有头尾连接关系等确认多管的布置顺序(见图 3-29)。

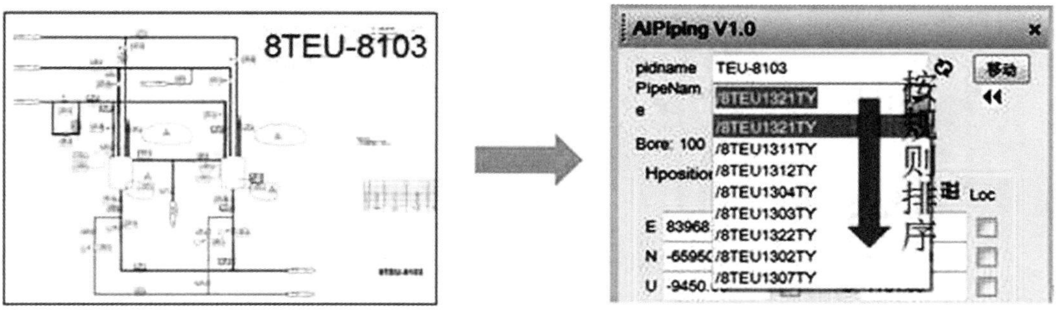

图 3-29　二三维数据传递在智能布管上的应用

3.5 多专业出图自动化开发

根据上文提到的多项举措，对出图自动化进行相关的研究。根据图纸类型和出图引擎不同，分为管道轴测图出图、平面图出图两个大类。

三维设计平台管道轴测图选用的是ISOGEN引擎，该引擎在管道轴测转换领域处于国际领先地位，被广泛运用。经过调研，核电管道轴测图可采用ISOGEN引擎实现生成管道轴测图底图的工作。

PDMS中平面图选用的是DRAFT出图引擎，是基于三维视图投影原理，从任何方向观察一个模型时，模型投影在视野中的轮廓图，根据需要将侧重的模型轮廓以特殊的线型表示，同时自动隐藏或删除不需要的细节线型。DRAFT出图引擎的特点，在草图中图纸是由不同类型的图形组成，直接代表是3D模型图形，模型图形含有三维模型所有属性，用户可以可视化操作；可配置属性，draft提供了注解，不仅包括尺寸和文字，还有项目图例和标签图框。3D模型投影图形，行业内称为底图，draft提供的注解，行业内称为标注，即在底图上对模型的名称、尺寸、定位、特性等参数信息进行补充。Draft是利用DXF文件作为与CAD文件的数据交互媒介，DXF格式是特定版本AutoCAD图形文件中所包含的全部信息的标记数据的一种表示方法，高效地实现了draft草图向DWG经典工程文件格式的转换。

虽然二者功能很强大，但也有存在很多的局限性，自动生成的图纸效果不能满足核电各专业的出图需求，除工艺管道管道轴测图外，其他专业(暖通、桥架、土建、电气、仪控)均只能满足抽出底图，图面上的标注、标签、图框等信息都是需要设计人员手动添加，自动化程度不高。工艺管道管道轴测图虽然自动化率比其他专业图纸高一些，但因PDMS自带的ISO定制的局限性，仅仅也只能满足项目上的ISO图的底图需求，其他的个性化需求无法满足。设计人员只好在三维软件中抽图，再导入到专业的二维CAD出图软件里，花费大量的时间把半成品底图转化成可出图的图纸。

上文提到，为了实现三维自动出图效率的提升，设计院成立了出图专项攻关团队，对PDMS自带的出图引擎做了深入的研究分析，紧跟专业需求互联互通，有针对性地进行优化与提升，逐步提高出图自动化率。

3.5.1 管道轴测图出图技术攻关

工艺管道轴测图是指通过平行投影法将管道投射在单一投影面上所得到的管道图形。它包括了材料设计量、车间预制和安装的必要信息(例如焊缝、附件和支架)，又称等轴图或管道三维制作图，是核电工程上直接指导工艺管道施工、管部件采购及预制的依据。因核电的特殊性，对核岛部分管道安装要求很高，现场环境满足不了安装要求，需对其进行工厂管段预制，预制好后再运输到现场进行安装。针对这些预制管段，可用 SPOOLER 模块功能进行出图，其他无预制要求的可用 ISOdraft 模块进行出图。

三维设计平台管道 ISO 出图用的 ISOGEN 引擎功能可以满足专业管道 ISO 图的底图需求，然而因 PDMS 自带的 ISO 定制的局限性，仅仅也只能满足项目上的 ISO 图的底图需求，其他的个性化需求无法满足。为了提高管道轴测图出图效率及自动化率，攻关团队进行了相关调查研究，将制约的因素找出来并进行分析，得出以下结论。

(1)定制标准不统一。核电设计中的工艺管道、仪表管等都需要抽轴测图，但由于专业的不同，就算是工艺管道，可能设计专业不同，要求的图纸表达的信息也会有所不同。如果太多不一样的个性化要求，没有标准化相关定制，将严重制约自动化出图的进程。

(2)功能不集中。PDMS 中 SPOOLER 模块出图，根据自带的功能进行出图，操作步骤比较多。由于完全采用三维正向设计，且要充分考虑数字化设计的 AE 协同，因此，在抽图前，必须首先进行管道预制加工设计，由设计模型到预制模型，然后再抽图。之前的 CPR1000 项目由于受参考项目的制约以及模型深度问题，管道设计都是根据既有管道清单设计，无需进行预制分段。如在传统的三维模型下进行预制分段，需投入大量人力进行管道模型打断、合并，添加焊点，手动计算焊点编号和预制段空间等，需花费大量的时间。

(3)无法实现批量出图。PDMS 中 ISODraft 模块出图，根据自带的功能出图，一次只能出一张图，且一张图只能出一个管段(branch)。除了制约出图效率及自动化率外，还不能满足部分专业将一些关联管道放在同一张图纸的要求。

(4)需要人工手动添加部分标注标签信息。每张管道三维制作图设计人需对其进行穿墙符、详图绘制、辅助定位信息、材料块等修改，其花费时间均在 2 h 左右，且添加内容受设计人主观意识、经验的影响较大。

三维布置设计已在公司实现了全面正向的推广应用，随着三维设计应用的不断深入，各专业对三维设计的流程化、标准化和自动化的应用开发需求也在逐步提高。在经 CPR1000 和 AP1000 项目 ISO 图工具开发实现之后，布置专业在 2016 年年初提出了防城港核电厂二期项目 ISO 图自动化率要实现 100%的目标，即在设计人员点击抽图按钮后，对图面信息不再需求任何的人工修改和完善工作，可直接进入管理平台对图纸文件进行审批。

分析了上述的制约因素，为能够更好地推广三维正向布置设计的应用，必需加大技术投入，从工厂预制模块、模型元件库、模型状态控制、ISO 出图程序等多方面进行研究和开发。

通过研究分析，结合正向设计工作规范流程，研究出出图工作总体框架如图 3-30 所示。

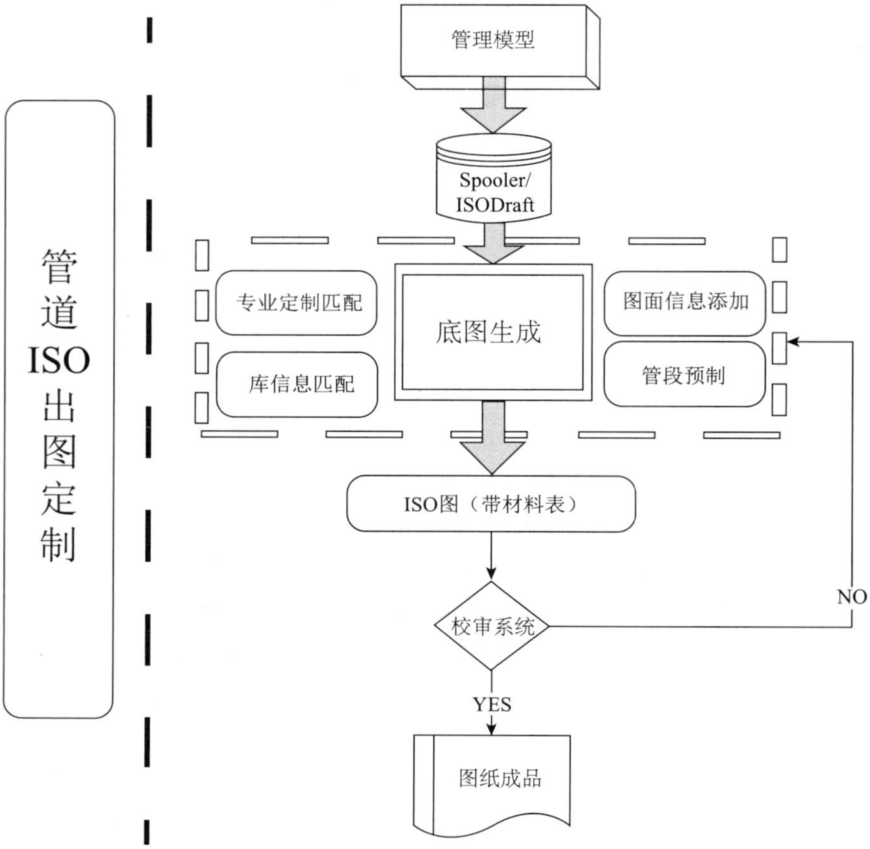

图 3-30　管道轴测图自动出图系统实现逻辑

（1）出图思维模式革新

1）以单个管道（branch）或者将管道进行分段预制出图，不手动修改图纸，如有需要修改的地方，将通过修改模型后重新生成图纸，保持图纸与模型的一致性。修改模型后重新抽图需要在 PDMS 中的设计（Design）模块与轴测图出图模块（ISODraft）来回切换，比较耗时，就算同时打开两个模块，也要进行保存及信息更新，操作比较烦琐。于是，在华龙一号项目，我们将 ISO 图工具迁入到 Design 模块中，一个模块既可以进行模型设计，也可以进行轴测图出图，大大提高了工作效率。

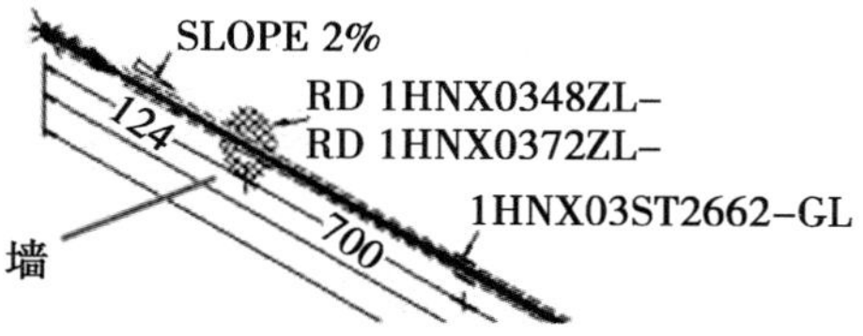

图 3-31　穿墙标识

2）用新的图例符号代替旧的图例符号，如穿墙符号通过定制 ATTA 元件的样式（SKEY）来表示（见图 3-31）。

（2）出图定制标准化建设

针对不同的需求专业，采用标准的出图定制，只是针对个别专业的个性化要求进行一些调整。各个专业得同心协力建立一套通用的需求，如尺寸的表达方式、元件的表达方式等尽量要求一致，对于一些说明信息、参考坐标等信息则可根据专业要求进行调整。

(3)加大技术投入，难点问题攻坚

1)预制段的划分

根据布置设计管段预制原则，通过增加现场焊点来进行预制管段划分。开发创建焊点功能，可在 Spooler 模块进行焊点的添加。这样可避免设计人员切换到 design 模型添加调整焊，大大节约出图时间，提高出图效率(见图 3-32)。

根据布置设计管段预制原则，将预制段的信息写到图纸上，若超过预制段最大尺寸，图纸预览时就有 error 字样提示，提醒设计人员，不需要设计人计算校核(见图 3-33)。

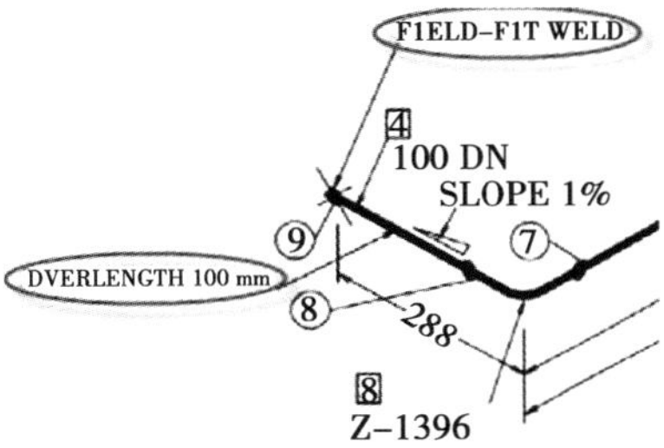

图 3-32　调整焊标识效果

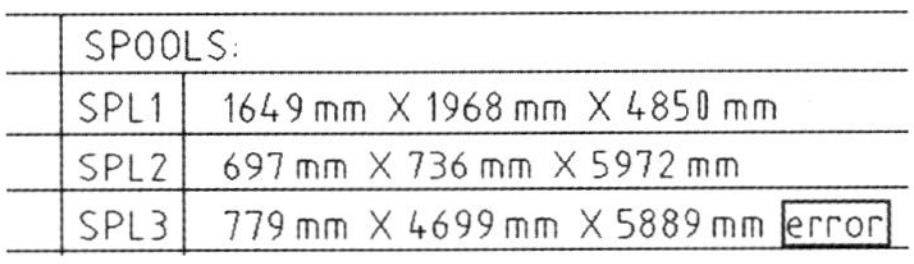

SPOOLS:	
SPL1	1649 mm X 1968 mm X 4850 mm
SPL2	697 mm X 736 mm X 5972 mm
SPL3	779 mm X 4699 mm X 5889 mm error

图 3-33　图纸预制段信息

2)预制段模型编码

根据专业需求，预制模型的内容及范围对其 PDMS 预制层次结构按厂房和安装分区进行划分和编码规划。预制图纸模型的编码根据已定编码规则自动提取管线名称结合图纸流水号计算程序自动生成。根据提取的三维模型信息，自动编排每张图纸的 19 位编码，即每张 CAD 图纸都有一个唯一的图纸编码。

3)设置参考定位

“华龙一号”ISO 图采用轴线参考定位，横向轴线与 *X* 轴平行，竖向与 *Y* 轴平行。管道定位一般选择弯头、三通、大小头为定位部件。自动或手动确定管件所在厂房的轴网，然后自动计算 *E* 方向、*N* 方向距离最近的轴网(计算结果亦可手动修改)，在三维模型中直接进行结果预览，确认后即可设置元件的轴网参考标注(见图 3-34)。

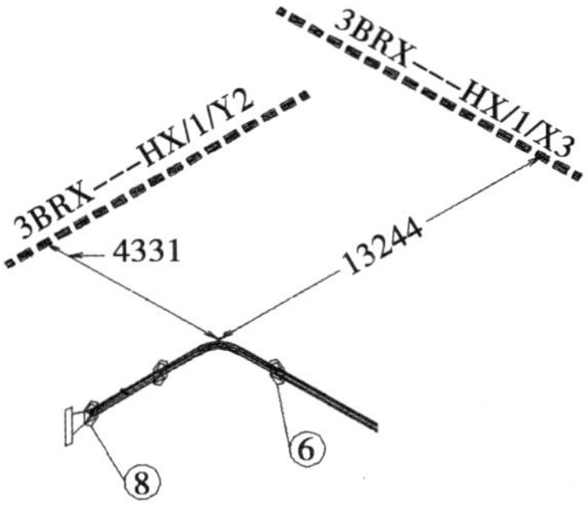

图 3-34　ISO 图参考标注的表示

4)绘制管件详图

对于非轴线对称的部件如三通、管嘴、管道凸耳、阀门、大小头、管腿等部件 ISO 图纸中需添加详图。详图中需包含安装角度，相应的物项号和焊缝号。此工作占图纸修改很大部分时间，且手动绘制管件详图需设计人员自行想象和从模型中查数据，容易出错且效率低下。

经过分析研究，可利用 draft 模块的来抽图详图，再进行调用。针对详图，开发了管道详图自动出图工具，其开发原理如图 3-35 所示。

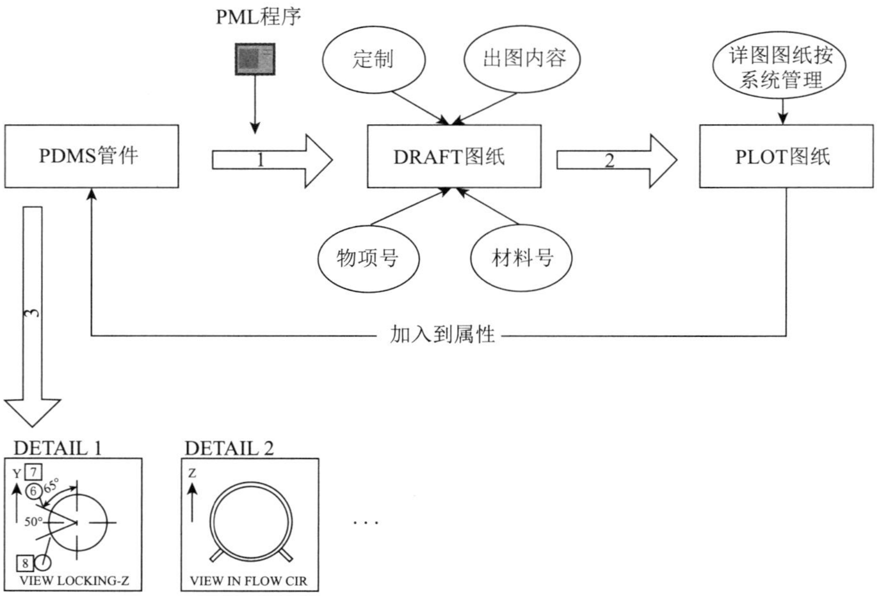

图 3-35　管件详图自动出图原理

5)设置穿墙标识

凡是穿过实体墙或楼板或无墙但跨房间时，均需在管道轴测图中表达。如果通过手动添加，需测量距离，添加标识，耗时不说，还容易出错。于是从元件库入手，使用 PDMS 中 ATTA 类型作为穿墙、板标识符，并根据其穿墙、板样式定制元件 SKEY。然后通过出图定制，将跨区内容在图纸显示出来(见图 3-36)。

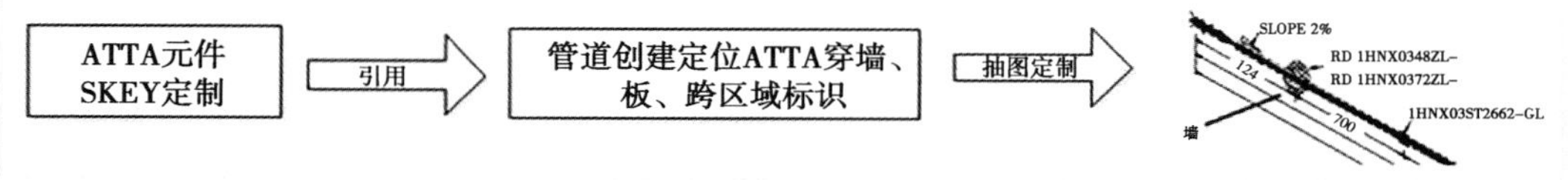

图 3-36　穿墙、板标识出图原理

6)批量出图

为了满足部分专业批量出多张图纸，单张图纸可出多个 branch 的需求，开发团队通过对 ISODraft 模块的深入学习，开发出一个 ISOdraft 出图工具。该工具可在 Design 设计模块中调出，不需设计人员来回切换模块。同时，可通过添加关联管道，添加多张图纸，实现一键抽取多张图纸的功能，实现了批量出图功能。

7)图纸成品管理

图纸管理的各个文件夹根据 PDMS 中的树状结构自动创建，抽取的图纸自动放置在服务器上对应的文件夹里，方便后续查找及整理(见图 3-37)。

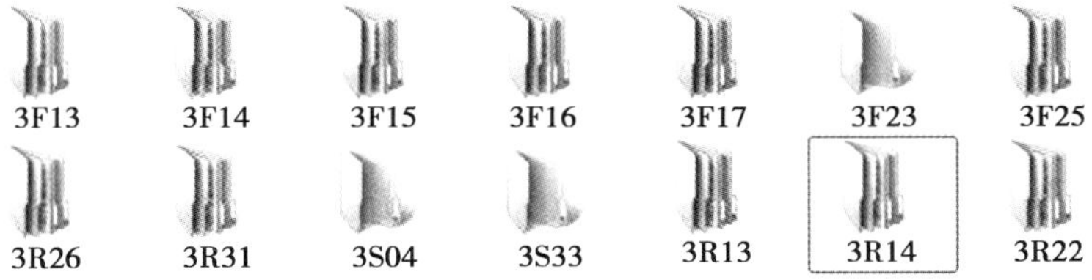

图 3-37　自动创建的图纸管理文件夹

8)模型颜色智能标识

为了更为直观识别抽图内容，提高抽图效率，研究开发了管道模型抽图智能识别功能，通过颜色以标识各类管道的抽图状态，方便用户开展工作，提高效率，并可有效避免遗漏。其含义如表 3-9，图 3-38 所示。

表 3-9　模型颜色智能标识

颜色	状态
白色	未进行管道预制
青色	已进行管道预制
绿色	已进行管道预制，且为当前选择中的预制段
红色	已进行管道预制，且在当前选择中图纸中

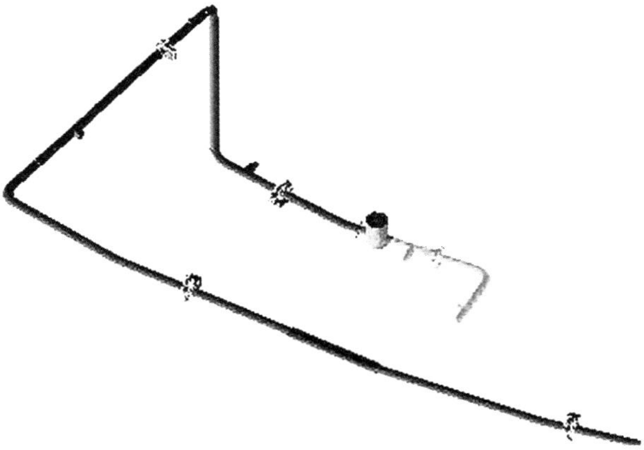

图 3-38　模型颜色标识

该成果已应用在防城港核电厂二期项目，实现了 ISO 图三维出图自动化率由原来普遍的 79%大幅度提高至 100%的目标；设计人员不用对 CAD 图纸进行任何修改，大大减轻了设计人员的手工操作负担；自动从模型提取图纸信息，提高了图纸的准确度，降低人工的出错概率，同时实现了模型状态管理与出图相匹配，出图后图纸集约化管理，保证了出图质量又降低了图纸管理的成本。

3.5.2 多专业平面出图技术攻关

对于平面布置设计图，PDMS 软件内置 DRFAT 出图引擎，并通过定制开发实现。平面布置设计图涵盖了土建、管道、电气、暖通和桥架等专业图纸，涵盖面很广，有土建模板图、工艺套管布置图、电气套管布置图、风管平面布置图、电缆桥架支架布置图等。这一类图纸有共同点，也有各自的侧重点。如管道平面布置图，管道投影采用黄色粗实线，其他信息采用细实线或虚线，以突出管道布置信息。平面布置设计图作为指导厂房布置施工的依据，是核电工程重要的组成部分。

DRFAT 出图引擎，上述也提到，除了生成底图外，还可提供注解，不仅包括尺寸和文字，还有项目图例和标签图框等。但这些操作大部分不大友好，操作起来不大方便，相比 CAD 标注，大部分设计人员都选择从 DRAFT 模块抽出底图后再在 CAD 中进行加工。设计院利用 PDMS 平台所建立三维模型若仅停留在参考模型数据阶段，无法实现真正的正向三维布置设计。

为了提高管道轴测图出图效率及自动化率，攻关团队进行了相关调查研究，将制约的因素找出来并进行分析，得出以下结论。

(1)专业个性化特例需求较多。核电设计中的管道、风管、土建、支架等都需要平面图，但由于专业的不同，要求的图纸表达的信息也会有所不同。如果太多不一样的个性化要求，没有标准化相关定制，将严重制约自动化出图的进程。

(2)无法实现批量生成标注标签信息。PDMS 内置 DRAFT 出图引擎功能能够满足平面图底图的生成需求，但不能批量生成图面标注标签信息。

(3)操作烦琐，界面友好度不高。生成标注、标签信息因操作界面不够友好及人员的操作熟练程度不高，无法达到专业通过二维 CAD 软件添加这些信息的效率。

(4)标注信息干涉重叠情况严重。因平面图表达的内容比较多，一般是对一层或者某几个安装分区进行抽图，若能一键标注相关信息，这些标签信息也很容易重叠在一起。

为了能提高平面布置图出图效率并更好的推广三维正向布置设计的应用，必需加大技术投入，从模型元件库、模型状态控制、Draft 出图程序等多方面进行研究和开发。

通过研究分析，结合正向设计工作规范流程，研究出平面出图工作总体框架如图 3-39 所示，分为后台出图标准定制和前台三维出图工作标准流程。

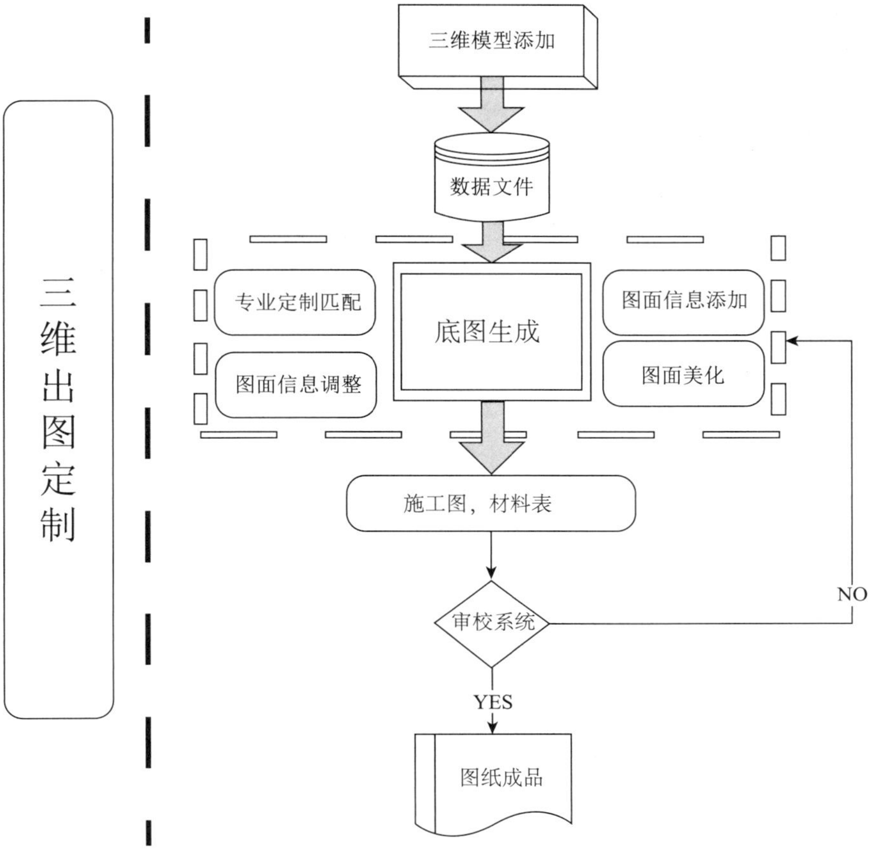

图 3-39　核电三维布置设计自动出图系统实现逻辑

在投影底图的基础上利用自主研发的图面信息自动添加技术来添加各类项目需求的信息，再利用自主研发的图面信息自动调整技术实现图面信息的调整，以此使图面信息达到施工图标准。自动出图操作是在 DRAFT 模块进行，一步完成出图工作的自动出图，包括自动生成目标模型投影底图、自动匹配各专业出图定制、图面信息自动生成、图面信息智能调整及图面美化等工序；将 DRAFT 图面信息完善好，达到施工图标准后，导出为各专业特定图框的 CAD 施工图，同时将图中的模型信息自动提取整理，生成材料信息列表；施工图通过文件校审系统后，发布为图纸成品。

(1) 出图模式革新

上文提到的制约出图效率的一个主要原因是出图内容比较多，一些标注标签难免会重叠。经多次与专业沟通交流，暖通专业风管平面出图已经从思想上进行转变，接受一个 branch 模型出一张图纸，这样重叠的内容大大减少，通过开发图面美化工具，一张图纸需要人工修改的内容大大减少，大大提高出图效率。

PDMS 平面图出图添加三维模型是在 Draft 模块添加的，为了可以让用户在三维

PDMS 软件的 DESIGN 模块下进行出图目标模型数据可视化提取，将其在三维 PDMS 软件的 DESI 模块下进行，提取数据存放于中间文件。

(2)出图定制标准化建设

由于各个专业，不同设计人员设计习惯差异较大，常常造成核电各个专业出图风格种类多，差异大，不利于出图图纸的管理和统一。为了实现核电各专业出图标准化、规范化，在深入分析设计院各专业出图定制需求基础上，建立一套规范的核电出图定制标准，规范化出图定制，并利用三维平台 PDMS 自带的数据库技术 UDD，将出图定制标准做成标准数据库，内嵌于 PDMS 平台中，管理核电各专业整个系统出图定制标准，如图 3-40 所示。

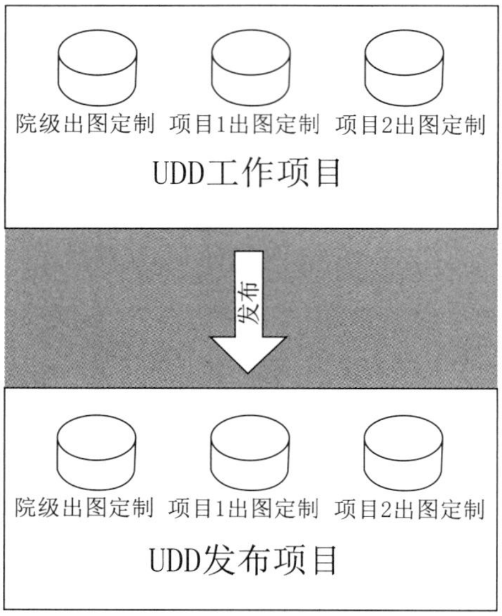

图 3-40　出图定制数据库建设发布示意

(3)加大技术投入，难点问题攻坚

1)图面信息自动生成技术

图面信息包括标签信息、标注信息、其他补充信息。标签信息是标签标注信息的简称，这类信息在图纸中起到指示作用，指出某个元件对象的名称、属性、类型、功能或组合信息，一般用于包括墙体、设备、管线、孔洞等。标注信息是尺寸标注信息的简称，这类信息在图纸中起到显示模型空间尺寸的信息，一般用于管线长度、风管长度等。其他信息相较于标签信息，是不含具体文字信息，主要是用户为示意图纸中特殊的作用，一般用于表示格栅盖板、保温信息、续图信息等。利用 PML、PML. NET 以及 CAD 二次开发协同开发的技术路线，研发一套图面信息自动添加技术，并开发工具运用此技术，可以将已经抽出模型投影底图的各类信息自动添加到图面上。

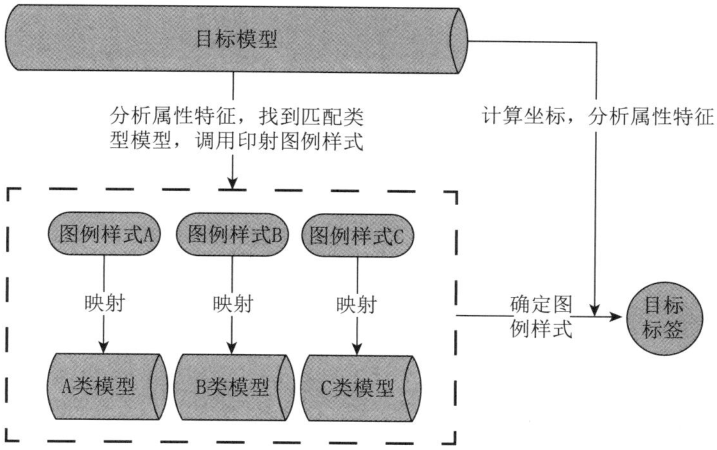

图 3-41　单个标签信息生成算法示意

2）图面信息自动调整

平面图中的信息自动添加后，各类信息易出现相互重叠，干扰的情况，导致图面不清晰，需要人工调整这些图面信息。这个调整的工作耗时很长，这是限制三维平台出图方式在国内采用率不高的一个客观原因。为了克服这个困难，缩短图面信息调整耗费时间，开发团队经过广泛调研并深入讨论，最终以覆盖图面信息 70%的标签类信息为突破口，利用 PML、PML. net 以及 CAD 编程技术路线，协同开发运用，研究一套全新的算法。这种算法的开发原理是在 CAD 二次开发技术中引入像素判断算法来实现。运用像素判断算法，成功开发了标签自动调整技术，该技术还取得专利。用户利用标签自动调整技术，可以自动将标签类信息自动调整分布到图面空白处，以达到使图面清晰的目标。此功能实现标签类信息自动调整，可完成 70%的图面信息调整工作，而余下 30%的标注信息均实现了模块化，用户只需做出简单的调整，即可满足需要。

3）材料信息自动生成

平面图材料信息整理技术，采用 PDMS 的 report 功能计算，然后针对性地优化 report 的算法，优化方案是以材料表表头信息为导向，分类提取元件模型属性信息，针对不能直接提取到信息，从侧面多元提取，然后深入计算，形成方法，后续直接调用方法生成信息。利用优化后的 report 技术，可以直接统计图中需要统计材料信息的模型元件，然后遍历元件，以图纸需求的表头信息为模板，逐一生成该元件信息，一般材料信息都放在图纸的右上角。

4）支架详图自动生成

核电智能出图系统针对管道、暖通、电气和桥架等专业的支吊架详图出图技术与平面图出图技术一样，也是采用 PDMS 的 draft 出图引擎为基础导出模型投影底图，然后在底图的基础上定制添加各类项目需求的信息，然后开发工具实现信息的调整，以达到施工图标准。但是要表达清晰一个支架的详图，经常要多个方向的视图来协同表达。

支吊架设计采用多专业联合支架设计系统(简称 MDS)，使用 MDS 完成设计的支吊架，不仅可以在模型中进行综合碰撞检查，为力学计算提供基础模型，最终的设计成果体现还包括支吊架详图图纸。

所谓标准支吊架即 MDS 标准支吊架模板库里面存在的标准支吊架。这些标准支吊架同样也存在标准的模板图纸，这类标准支吊架的出图工作，则可以利用 draft 出图技术与 MDS 技术相结合，直接调用 MDS 数据库中的标准支架模板图，然后再辅以一些定制信息，如支架图名称信息、管夹标高信息、厂房区域楼层房间信息、楼层信息等，即可满足施工需求。标准支吊架出图自动化率达 95%，图 3-42 是部分标准支架模型模板示例。

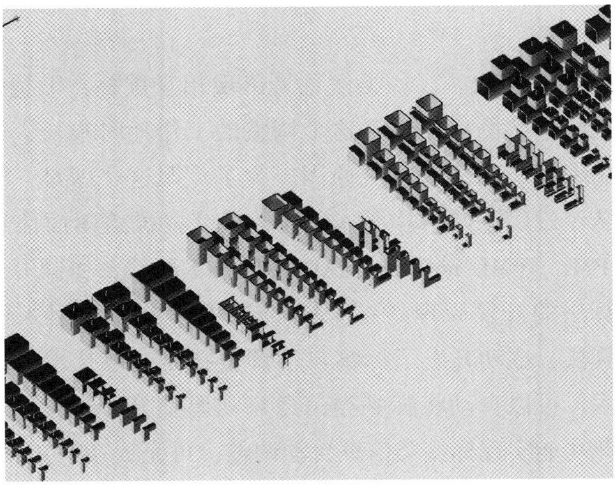

图 3-42　标准支架模型模板示例

所谓非标支吊架，是用户利用 MDS 采用搭积木的方式创建的支吊架，这类支吊架详图的出图工作，除了要定制标准支吊架需要的那些信息外，还需要定制管夹功能标签、管夹功能信息表、梁板信息标签、梁板尺寸标注、焊点信息示意、轴测视图，以及材料表信息。工具一次抽取 *E*、*N*、*D* 以及轴测四个方向的底图，然后自动在各个视图添加图面信息，并自动调整图面信息、统计材料表、管夹功能信息表。

5) 环墙展开图自动生成

相较平面布置图纸、支吊架详图来说，核岛环墙展开图因核岛环墙空间大，结构复杂，部件模型种类多，且分布不规则等原因，无法通过普通的投影视图/剖视图直接生成，环墙展开图设计成为现有三维设计的难点和技术瓶颈。公司现有的展开图设计仍然采用通过手工二维设计，即先在三维设计模型中测量得到相应的模型尺寸数据，然后进行数据转换。根据转换得到的模型数据，手工绘制二维平面展开图。这种设计方式存在两大困难：测量工作量大和模型尺寸数据计算处理工作量大且烦琐。因此，手工绘制核岛环墙图工作量大，且易出错。通常一张普通复杂程度的环墙展开模板图需要耗费设计人员近两周的时间完成绘制，相比同样复杂程度的平面墙体要多花几倍的时间处理。

通过深入分析核岛环墙展开图(见图 3-43)设计特点，自主研发关键点重构展开图算法及环墙展开图设计自动出图工具，实现了环墙展开图设计的自动化，极大地提高了土建环墙展开图的设计效率和质量。

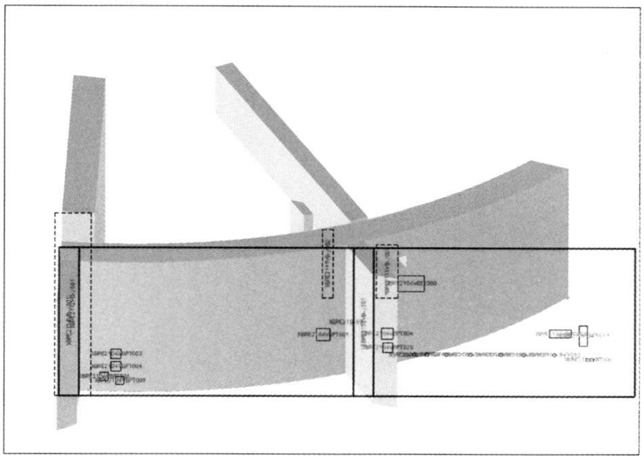

图 3-43 环墙展开示意

通过上述出图技术的研发及应用，取得了质的飞越，从根本上填补了中广核 HPR1000、AP1000、ACPR1000+依托三维模型为基础的正向设计后三维出图工作的这块空白，保证了核电三维正向设计顺利进行，主要创新点如下。

(1)建立了核电 PDMS 三维出图定制标准开发体系，统一了三维出图风格，规范化和标准化出图设计需求和流程，减少了重复工作量和差错。

(2)全面实现了全专业核电三维布置设计出图的自动化，自动化率达到 90%以上，实现了由二维手工绘图向三维自动出图的转变，节省人工成本。

(3)实现图面信息自动调整功能，可自动调整 70%以上的图面信息。

(4)成功研发出核岛环墙展开图出图引擎，实现环墙展开图三维智能出图。

(5)实现了三维布置设计模型与施工图数据的联动，保证施工图和三维模型数据的一致性，提高了施工图出图的质量。

该成果已应用在防城港核电厂二期项目，实现核电全专业的三维布置设计的智能化出图，实现各类施工图出图自动化率 90%以上，是核电出图技术的一次全方位革新，显著提高了核电三维布置设计效率。同时，实现三维布置设计模型数据和施工图的数据自动联动协同，保证数据的一致性，提高设计质量。在研发过程中，还申请了两项专利《一种基于 PDMS 出图避免标注信息重叠的系统和方法》《基于 PDMS 至 AutoCad 图纸尺寸标注识别的转换方法及系统》和五项著作权：《核电厂房土建出图软件》《核电暖通三维布置图自动出图软件》《核电站阀门远传机构出图软件》《核电厂房环梁配筋出图设计软件》《核电厂房环墙配筋出图设计软件》。同时，在项目《安全壳配筋三维设计系统研发》和《核电三维数字化协同设计平台》中也有相关涉及，并获得了“2018 年度核工业部级工程建设优秀 QC 小组成果奖二等奖”和“中电联电力行业信息化优秀成果奖二等奖”，取得了一系列科技成果。

该成果可以广泛应用于国内外核电的三维布置设计出图，通过适应性修改，也可应用于火电、水电与石化等大型工程的三维布置设计出图。

3.6　大宗材料管理系统开发

3.6.1　精益化管理创新

大宗材料指施工过程中消耗的各类原材料、构配件等，是工程物资的重要分类，大宗材料管理则是工程物资管理的重要组成部分。大宗材料管理横跨机电仪等主要设计专业，纵贯工程建设全过程，包括统量、请购、采购、仓储、发放等活动。核电项目的大宗材料管理对成本控制、进度控制和质量控制都具有重要影响，是项目管理的重要内容。

(1)核电项目大宗材料种类多，且包含大量核级材料，其技术要求高，制造周期长，价格昂贵。因此，核电项目大宗材料的采购费较高。

(2)大宗材料的交付进度影响项目进度，并影响建安工程费。如果材料交付不及时，可能造成停工，产生工程索赔；如果材料交货过早，则长期占用仓库，既增加材料保管费，又增加仓库建设费。

(3)大宗材料的质量直接关乎工程质量。如果施工使用了不合格的材料，可能造成大面积返工，必要时核安全局将介入调查。另外，质量事件通常伴随着进度延误和成本增加。

国内二代改进型核电项目普遍采用翻版加改进的建设模式，大宗材料管理粗放，产生一系列问题，最终造成项目建设成本增加(见图 3-44)。

1)大宗材料的采购费在工程物资总采购费中的占比不足十分之一，但其竣工剩余货值却占剩余物资总货值的半数以上，数额巨大。

2)所有核电项目在施工阶段都出现材料长期占库和仓储面积不足的问题。

3)因材料未交付或未及时交付产生大量施工承包商索赔。

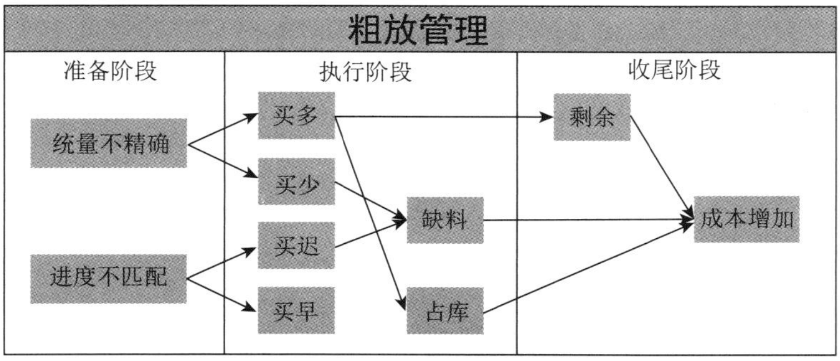

图 3-44　大宗材料粗放管理对项目建设成本的影响

大宗材料粗放管理严重阻碍着公司降本增效目标的实现，必须通过管理创新实现精益化管理。公司高度重视此项工作，抽调各板块一线骨干人员组建专项工作组，通过集中办公的方式，在外部和内部两个方向上进行深入研究。

(1)主动学习外部经验。专项工作组查阅了国内外数十篇大宗材料管理相关文献，调研了惠生工程有限公司等国内大宗材料管理标杆企业，总结了 ERM(AVEVA 公司产品)、SPM(Intergraph 公司产品)等商用工程物资管理平台的通用管理方法。国内成功实现大宗材料精益化管理的工程公司几乎全部采用商用工程物资管理平台，并在项目实践中逐步适应平台功能，反向建立工程物资管理的组织体系和制度体系。研究商用工程物资管理平台的标准模块功能和国内工程公司的应用实践就能够梳理出标准的大宗材料管理模式。

(2)从正反两方面总结内部经验教训。一方面对照问题找原因。大宗材料统量不精确和进度不匹配是材料剩余、缺料、占库等问题的直接原因。新项目通常按参考项目的材料量下单，没有精确统计本项目的设计量，也没有精确匹配进度；由于缺少请购环节，设计团队通过发函提供采购量且没有精确匹配进度，施工团队缺料就申请采购，采购团队难以辨别不同来源采购输入是否重复，在保项目进度的压力下，通常全部采购。另一方面总结良好实践。法国法马通公司在岭澳一期应用材料平衡方法(见图 3-45)，计算材料需求和材料供应的偏差，根据缺料情况补充采购。中广核某核电项目在电缆桥架采购过程中实施“零库存”管理良好实践，由现场电仪安装队匹配设计量和安装进度，定期计算采购量，发采购团队执行。特定项目上的良好实践是被证明了的适用于公司当前制度的方法，更具推广应用价值。

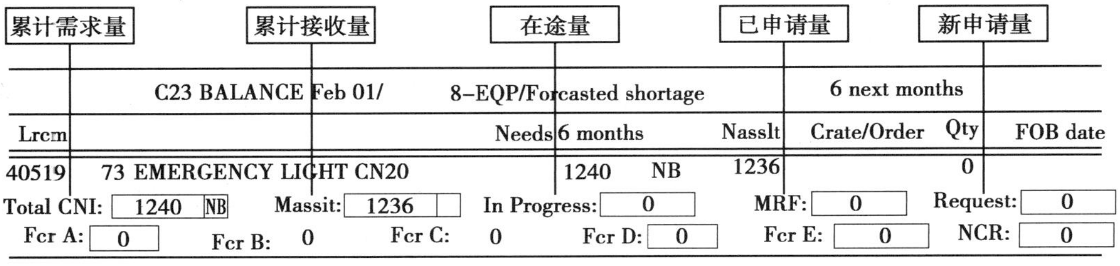

图 3-45　岭澳一期材料平衡表示例

在上述研究工作的基础上，专项工作组提出如下创新举措，形成具有中广核特色的大宗材料精益化管理模式。

(1)组织体系创新。国内成功实现大宗材料精益化管理的工程公司无一例外地组建了材料控制团队。该团队和成本控制、进度控制、文档控制团队并列，由控制经理直接管理，对设计、采购和施工团队进行控制和协调。该团队由专职的材料控制工程师组成，负责维护材料表、匹配施工进度、生成请购单、编制施工承包商领料计划表等工作。设计、采购和施工团队主要负责业务执行。在这种“集中控制”的大宗材料管理组织体系中，材料控制团队是“大脑”和“神经中枢”，其他团队则是“躯干”和“四肢”。中广核工程有限公司采用“前后台、项目式、矩阵型”运作模式，没有设置材料控制工程师岗位，也没有材料控制团队，无法照搬外部的组织体系。专项工作组立足公司现状，创造性地建立了“分布式控制”的大宗材料管理组织体系。首先，要求设计团队负责材料表维护。设计团队按照设计专业的分工维护材料表，有利于保证数据的有效性、准确性、完整性和及时性。其次，要求施工团队负责请购。某核电项目在实施“零库存”管理的过程中，电仪安装队事实上承担了请购任务并获得成功，这表明施工团队作为大宗材料按量如期交付的需求方和受益方，有承接请购工作的意愿和条件。最后，要求采购团队负责材料平衡计算，根据计算结果下单和发布采购变更。通过上述创新举措，中广核工程有限公司在没有材料控制团队的情况下实现大宗材料管理的跨板块运作和材料管理数据的全过程流转。

（2）管理制度创新。请购介于设计和采购之间，是极为重要的材料管理环节。国内成功实现大宗材料精益化管理的工程公司都把请购作为核心工作。请购的输入是材料需求和材料供应，两者都包括数量、进度和库位等维度。请购单是请购的输出，同样包括数量、进度和库位等维度，是采购下单的依据。不同采购包生成不同的请购单，且必须根据采购包的供货周期、最小起订量等信息合理控制请购周期。由于请购活动与设计、采购和施工团队都相关，所以只能由材料控制工程师完成。中广核工程有限公司由施工团队负责请购，但该团队不掌握采购包划分、供货周期和最小起订量等信息，也就无法照搬外部请购管理制度。专项工作组积极思考，提出一种适用于公司组织体系的请购加材料平衡计算的管理制度。首先，根据施工团队的责任分工简化请购的内容。施工团队掌握施工进度信息，并从设计团队获取完整的材料表，所以能够实现两者的精确匹配，生成材料需求清单。因此，规定请购单即材料需求清单，不体现任何材料供应信息。参考法马通公司在岭澳一期的请购管理方法，请购单不体现采购包，仅体现施工专业和材料类型。其次，根据采购团队的责任分工和掌握数据的情况，增加材料平衡计算环节。采购团队掌握材料供应清单，并接收施工团队发布的请购单，所以能够根据材料供需状态，按规则计算新增采购量。参考法马通公司在岭澳一期实施的材料平衡计算方法，允许采购人员在保证安装进度和合理占库的情况下减少采购批次，灵活确定每批材料的采购量，实现请购和采购的柔性关联。最后，根据设计和施工团队的责任分工，设置多种请购类型，并厘清各类请购的边界和工作流程，不搞“一刀切”。

中广核工程有限公司已将全新的请购和材料平衡计算等概念写入大宗材料业务管理程序（见图 3-46），多个核电项目依照公司程序完成项目级程序的适应性调整。为助力各业务团队更好地完成相关工作，专项工作组编写了大宗材料管理细则，定义每项工作的前置工作、责任人、工作内容和注意事项等。

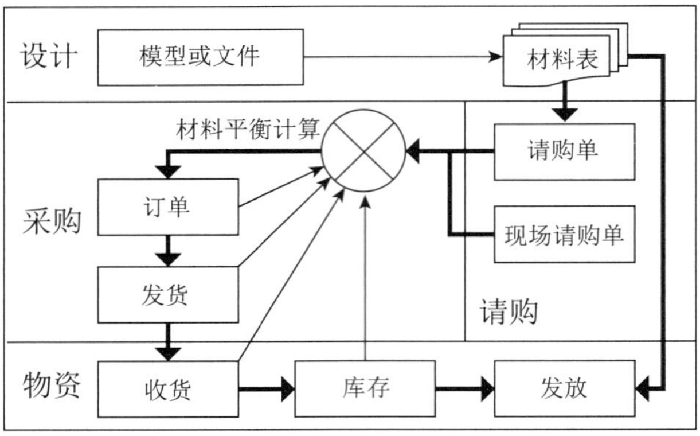

图 3-46　中广核工程有限公司大宗材料管理流程图

3.6.2　管理系统开发

大宗材料精益化管理创新的成果必须由信息管理系统承载。大宗材料管理流程的各环节紧密相连，共同构成一个有机整体。所有商用工程物资管理平台都在同一管理系统上开发功能模块，各功能模块共享数据，有序衔接。

中广核工程有限公司在工程物资管理系统开发之初未进行整体策划，各业务板块根据各自的业务需要开发系统，最终形成“铁路警察，各管一段”的局面，割裂了板块间的数据衔接，形成一个个“信息孤岛”。设计板块自主开发的 BMMS(大宗材料管理系统)仅具备统量功能；采购板块使用集团公司的 SAP 管理订单，并外委开发合同执行平台，仅具备合同订单管理功能；施工板块外委开发的核电物联网系统仅具备发货、运输、接收、库存和发放功能。由于各业务板块的系统平台相互独立，未实现板块间的数据流转。各业务板块仍通过工程文件、函件、事件单等线下方式处理业务板块间的工作接口。

中广核设计院高度重视大宗材料管理信息系统开发工作，提出打通“最后一公里空白”，实现全过程控制的总要求。专项工作组全面梳理大宗材料管理数据“链条”，最终锁定断裂和缺失的“链环”。设计板块开发团队摒弃本位主义，主动承担系统开发工作，在 BMMS 为下游施工和采购板块开发全新的请购和采购模块。BMMS 已具备物料码库、基础信息、文件清单、材料表、裕量计算、进度匹配、请购单生成、散材管理、再供货管理、采购替代、采购拆分、材料平衡计算、材料平衡曲线(见图 3-47)、订单行项目生成等全流程业务功能，并通过数据接口从核电物联网系统获取订单行项目、发货、收货、库存、调拨数据，实现全范围、全过程大宗材料管理数据的集成，助力大宗材料精益化管理目标的实现。

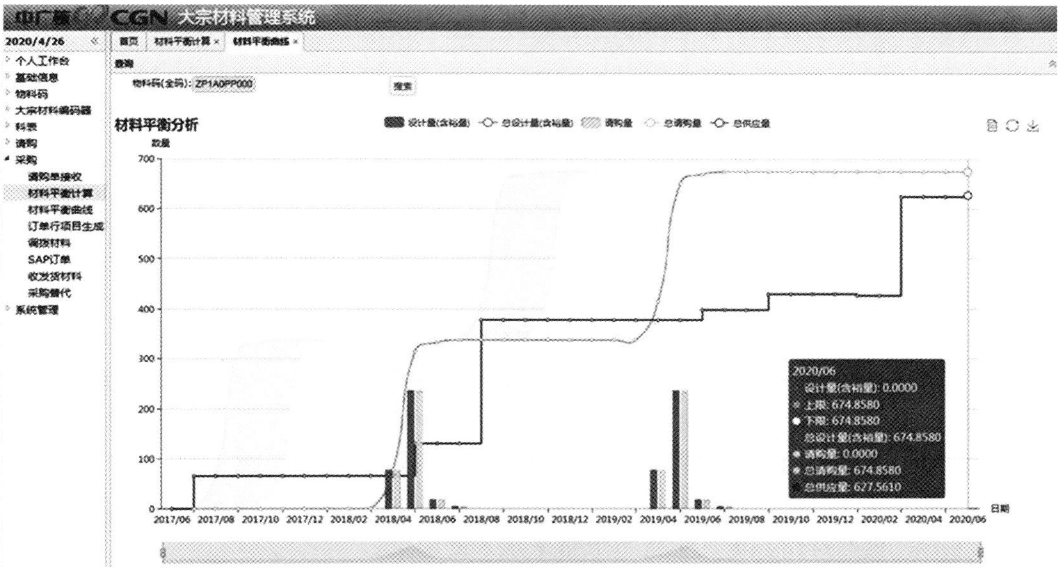

图 3-47　材料平衡曲线示例

设计板块开发团队完成 PDMS 材料量计算工具等多项 BMMS 外围开发，为公司降本增效服务。

（1）PDMS 材料量计算工具可从三维模型抓取管道、暖通、桥架、火警通信照明和仪表管阀件的材料表。相对于手工扒图，使用 PDMS 材料量计算工具可节约人工时超过 80%。

（2）BMMS 和文件校审系统的数据接口可实现 BMMS 施工图料表和施工图文件完全同步，并有利于提高施工图文件的数据质量。在发起施工图校审流程后，设计人员可在文件校审系统上传施工图料表，文件校审系统将其通过数据接口发 BMMS 校核，BMMS 立即返回报错或校核通过的信息，设计人员可以根据返回的报错信息修改施工图文件。施工图文件校审批准时，施工图料表同步导入 BMMS，保证了 BMMS 施工图料表的时效性。

（3）BMMS 和设计变更系统的数据接口为变更系统自动生成材料变更表提供输入，并具备 BMMS 和文件校审系统数据接口的全部功能。设计人员在发起设计变更流程后，设计变更系统通过数据接口从 BMMS 获取设计变更前的施工图料表，随后自动生成材料变更表。

（4）BMMS 和工程量计算平台的数据接口为某些专业的工程量计算提供输入。例如，工程量计算平台可通过数据接口从 BMMS 获取电缆路径清单数据，作为工程量计算的输入。

3.7 其他专项研发

3.7.1 可视化电缆敷设

核电厂电缆敷设主要包括电气电缆敷设和仪控电缆敷设两个方面，是核电厂电气设计和仪控设计的重要组成部分，对核电厂的总体设计质量和经济性具有重要的影响。与常规电厂及其他民用设施的电缆敷设不同，核电厂电缆敷设不仅需要遵守常规的最短路径敷设原则，同时还需要遵守安全防火隔离原则，容积率审查原则和电缆桥架类型自动匹配原则。另外，由于核电厂电缆敷设分包院众多，出图深度和接口交换量远超常规工程，这些都给核电厂电缆敷设带来很大的困难。

由于核电厂电缆敷设的特殊性，国际上核电厂电缆敷设软件较少，使用最成熟最广泛的核电厂电缆系统为法国某公司开发的一款电缆敷设软件(下文简称 P3 软件)。该软件系统可以很好地满足核电厂电缆敷设的各项原则和要求，获取所需要的完整电缆路径清单信息，系统稳定性和安全性都较好。该系统现已广泛应用于欧洲核电厂及国内其他核电设计单位的电缆敷设设计。

虽然，国内外也发展了其他许多电缆敷设软件系统，如英国某家公司历时 12 年开发的 CMPIC 软件，海洋石油工程股份有限公司开展了基于三维软件 Xsteel 电缆敷设的开发和应用工作等，但都没有经过核电厂实际的工程应用论证，造成 P3 系统在核电厂电缆敷设领域长期具有较高的垄断地位，导致 P3 软件使用费用非常昂贵。针对每个单独的核电项目，不仅需要提供 18 万欧元的初始软件购买费，而且还需要每年缴纳 50 万元人民币软件维护和升级费。同时，软件公司严格控制 P3 开放的终端，每进行一个新的核电项目设计不仅需要得到软件公司允许，还需要重新缴纳相同数额的软件购买费和维护费，这极大地提高了核电电缆敷设的成本，限制了我国核电的发展。

同时，P3 系统是一个基于纯数据模型的电缆敷设的软件系统，无可视化界面操作。电缆敷设设计人员，根据端接清单信息，依托于纯数据模式三维模型进行电缆敷设。这种电缆敷设操作方式非常不直观，对电缆敷设人员要求非常高，而且也极大地增加了电缆敷设过程中存在的错误，如跳层等，难以保证布置设计数据、电缆敷设设计数据、电缆安装之间的数据一致性，极大地限制了核电电缆敷设效率和质量。

因此，为了打破国外电缆敷设软件 P3 的垄断性，提高中广核核电厂电缆敷设的效率和质量，降低核电厂电缆敷设的成本，迫切需要开发一套具有三维可视化效果、使用方便的核电电缆敷设软件。

为此，针对核电厂电缆敷设中存在的实际问题，中广核工程有限公司自主研发了基于三维设计平台 PDMS 的核电厂三维可视化电缆自动敷设系统(Cable Rooting System, CRS)。CRS 界面十分友好，操作直观，使用方便，易于掌握，现已成功应用于实际核电项目电缆敷设，极大地改进了核电厂电缆敷设效率和质量，提高了我国核电厂自主设计研发能力。本节将从电缆敷设方法、系统实现、测试和应用等方面介绍该软件系统的发展现状。

(1)电缆敷设方法

电缆敷设方法主要包括两个方面：一是电缆敷设所基于的三维设计平台；二是电缆敷设路径搜索算法。电缆敷设路径算法现已比较成熟，如 Dijkstra 最短路径算法、Floyed-WarShall 算法和汉密尔顿算法等均可满足实际电缆敷设需求。决定电缆敷设软件系统最关键的是电缆敷设所基于的设计平台。电缆敷设所基于的设计平台不仅从本质上决定了电缆敷设系统本身的易用性，还在本质上决定了其与电缆桥架布置设计、以及后续的电缆安装之间的数据移交的效率和准确性。

目前国内外电缆敷设所基于的建模设计平台主要有 4 种方式：纯数据模式三维建模平台、AutoCAD 建模平台、Xsteel 平台和 PDMS 三维平台以及其他一些二维设计平台。

由于核电厂设计的复杂性，三维设计已经成为核电厂发展必然趋势，因此，出于技术发展必然趋势，核电厂电缆敷设所基于的设计平台必然为三维设计平台，这既可以避免二维设计平台本身描述真实三维核电厂布置环境所存在的差异和不足，也可以避免二维电缆敷设与三维布置设计和电缆三维安装数据移交和传递存在的巨大问题。

基于 Xsteel 平台的电缆敷设系统已经在常规电缆敷设进行了应用，如海洋石油工程股份有限公司开展了基于三维设计平台 Xsteel 的电缆敷设，但还没有应用于核电厂电缆敷设的经验。

国际上发展最成熟核电厂电缆敷设系统为法国某公司开发的 P3，该软件系统采用基于纯数据模式的三维模型平台。P3 已经被充分论证功能可靠，稳定性好，可以满足核电厂设计要求。但是这种基于纯数据模式的电缆敷设操作非常不直观，对电缆敷设设计人员要求高，不仅要求电缆敷设人员非常了解布置设计模型、具有良好的空间想象能力，还需非常精通电缆敷设原则和技巧。

PDMS 是国际上核电厂使用最广泛的三维布置设计平台之一，功能强大而基于 PDMS 三维设计平台的电缆敷设国内其他一些单位也进行了研究，但当时都处于探索研发阶段，暂时还没有达到实际应用的阶段。

(2)系统实现

CRS 系统采用三维可视化 PDMS 模型作为设计平台，通过深入研究 PDMS 设计的数据结构，采用与 PDMS 契合度很高的开发语言 PML，基于 PDMS 平台进行二次开发，获取电缆敷设备模型的信息，建立拓扑结构，然后根据用户输入的基本信息进行电缆敷设，如图 3-48 所示。此外，为了更好地控制电缆敷设的设计流程，还设置权限控制模块。

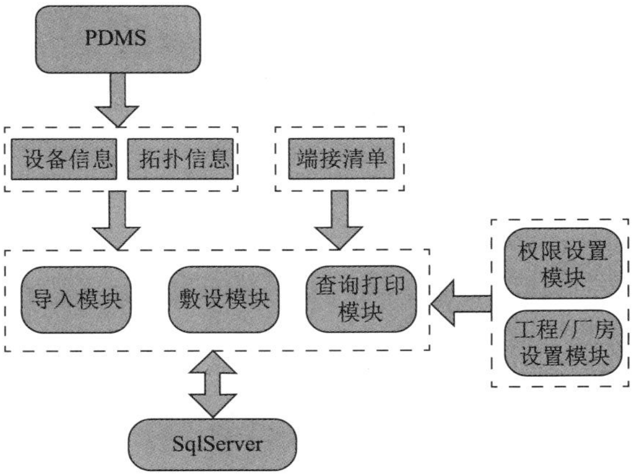

图 3-48　CRS 系统整体架构

为了保证能够有效搜索到符合核

电厂原则和要求的电缆敷设路径，CRS系统采用传统Dijkstra最短路径算法。同时结合C++ STL（Standard Template Library标准模板库）数据处理技术，并嵌入汇编语言开发。此外，在电缆路径搜索中为了获取符合核电厂电要求的电缆敷设路径，还在电缆路径搜索过程中加入了核电缆敷设四大原则，包括容积率控制原则、安全防火隔离原则和电缆桥架类型自动匹配原则和最短路径原则进行电缆路径搜索的控制。

核电厂三维可视化电缆自动敷设系统CRS经过中广核十多个在建电缆敷设工程实际应用证明，可以很好地满足核电厂电缆敷设各项原则和要求。CRS直接依托于三维可视化布置模型进行电缆敷设，整个电缆敷设过程和结果都三维可视化实时显示，使得CRS系统操作简单、易于使用，可以及时发现并纠正电缆敷设中存在的错误，并实现布置设计、电缆敷设和电缆安装之间数据的有效移交和传递，保证三者数据的一致性，为核电厂电缆敷设全寿期管理打下良好的基础。

CRS系统成功打破了国外核电厂电缆敷设软件系统的垄断，降低了核电电缆敷设的设计的成本，提高了中广核核电厂电缆敷设的效率和质量。同时CRS系统的成功研发为中广核核电厂自主研发软件进行了第一次成功的尝试，对提高中广核核电厂自主设计和研发能力具有重要而现实的意义，也为中广核后续核电核心软件的自主研发提供了良好的经验和基础。

（3）效果展示

1）电缆敷设路径显示

设计人员选择好起始设备和终止设备之后，CRS根据电缆敷设规则，可以快速、自动地完成电缆敷设，并在三维模型中以高亮的洋红色显示敷设路径结果。每根电缆路径搜索时间小于3 s，如图3-49所示。

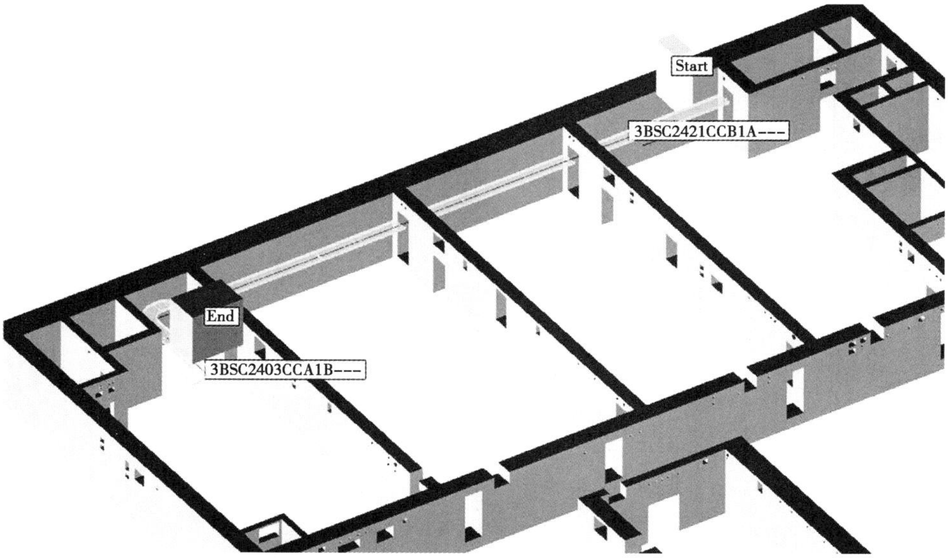

图3-49　电缆路径显示

2) 电缆路径清单输出

CRS 提供完整的电缆路径清单输出，包括电缆端接和敷设路径等信息，可直接用于施工，电缆路径清单如图 3-50 所示。

Cables

Cable Code	Division / Color	Equipment From / Equipment To	Place From / Place To	Room From / Room To	Calc. Length / LCT Length	Voltage Level / VPRM Code	Safety Class / Qualification	Status Cable / Status Route	Rev Cable	Rev Route	Print date / Cable type
3JDTA020CAB	B	3JDT4203TB-		3BSB2827ZRE	106	2	F-SC3	C	A	A	
	GR	3JDT1602CRN		3BNX2071ZRM		ZC1LDC300001	K3	Draft			LV 3*2.5 CU
	3BSB2801DBTE001 3BNX2765CBA2A--- 3BNX2701DBTE005 3BNX2365CBA2A--- 3BNX2305DBTE002 3BNX2065CBA2A---										
	Comments:										

图 3-50　电缆路径清单

3) 超容告警/容积率查询

当电缆在桥架上敷设达到设定的容积率时，CRS 将弹出超容告警窗口，提供强制敷设和选择其他桥架敷设两种功能，并以高亮的灰色显示超容桥架；设计人员可在敷设过程中，实时查询所选桥架的容积率。如图 3-51 所示。

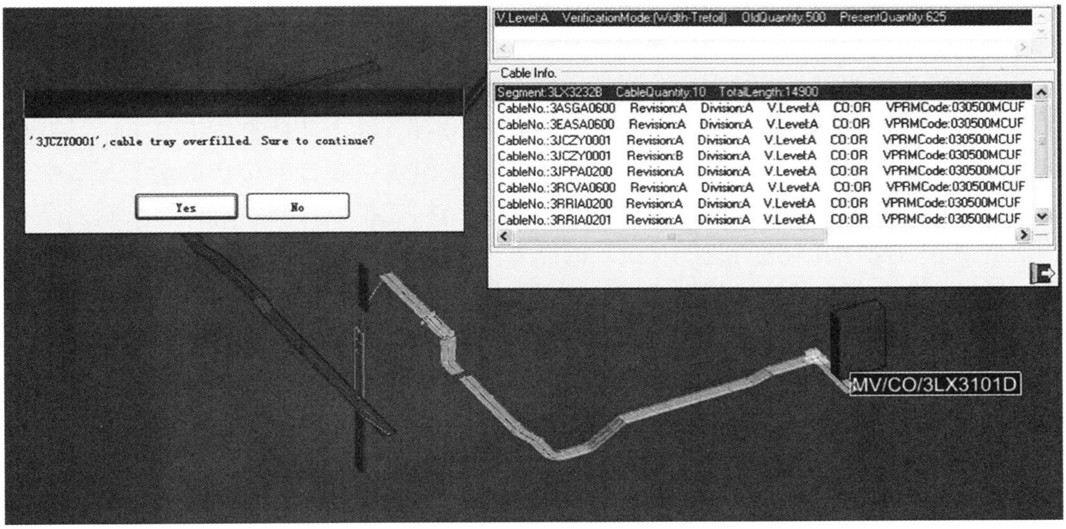

图 3-51　超容告警/容积率查询

3.7.2　结构三维配筋研发

公司传统的配筋设计方式主要依靠 AutoCAD 等二维设计手段，整个设计过程中存在大量的人工绘图设计、整理、统计、传递和存储数据的工作，导致配筋设计耗时、易出错，严重制约了配筋的设计效率；二维设计无法进行钢束的碰撞检查，仅通过单一的二维平面展开图和立面参数图无法判断是否会碰撞，这一问题如果遗留到现场，将会对整个配筋设计裕度和施工质量带来极大风险；二维设计中预应力损失及伸长计算只能采用简化算法，计算值与真实值相差较大，且数据量庞大，容易出错，质量难以保证。因此，需要研究一套结构三维配筋设计方法，实现结构三维配筋设计，通过自动化三维配筋设计、自动化二维配筋图出图，提高设计效率；通过碰撞检查，提取数据供设计人员分析和处理碰撞问题，提高设计质量。通过智能统计功能为施工提供三维坐标，方便现场操作，同时可用来计算预应力钢束的摩擦损失，为后续钢束伸长值的计算提供数据支持。

通过调研，国内外许多相关的单位公司已经开展了一系列工作，也有不少取得了实际的应用，Bentley 公司 MicroStation 系统的 Rebar、华东勘测设计院的 RESTATION 和中国建筑科学研究院的 PKPM 是其中的典范。

美国 Bentley 公司的 MicroStation 系统 Rebar 模块提供了配筋设计功能，它预定义了一些常用结构的配筋形式库，用户可以为钢筋截面选择钢筋的配置形式，但其操作过程类似于传统的手工绘制二维钢筋图，不直观且容易出错，同时该系统的钢筋类型和标注样式也不符合我国的相关规定。

RESTATION 是基于 Bentley Structural 专业平台，广泛应用于水电、地铁、工民建、市政等土建结构行业。该软件系统于 2010 年年初进行研发，在 2012 年推出正式 1.0 版本，在华东勘测设计院进行推广。它在多规范支持、配筋模板系统、CAE 集成、3D 钢筋创建、钢筋报表，钢筋抽图等方面都有突出的表现。但由于它是基于 Bentley 软件平台开发的，如果使用，一方面需要购置此套软件和 Bentley 相关模块；另一方面该软件平台的标准也不能完全匹配标准；此外也给公司整体协同设计带来不便。

PKPM 软件，它是一个具有开发版权的 CAD 软件，在专业协调方面是上一类软件无法比拟的，是国内建筑设计计算标准的制定者，但它主要针对标准的梁、板、柱结构的建筑设计问题，对大型非标结构的工业建筑结构三维设计支持有限，欠缺复杂结构的造型能力及对结构进行进一步设计的能力。

通过比较分析上述产品均不能满足我司结构三维配筋需求，在 2013 年《基于 PDMS 平台的核岛厂房土建施工图设计研究》的科研项目中，通过设计技术支持所与土建所合作研发，深入研究了基于 PDMS 的土建模板图和预应力钢筋的三维设计应用方法、规则和工具，并对三维配筋做了尝试性开发，完成了《三维配筋设计可行性报告》，研究证明核电厂房结构配筋三维可视化设计是可行的，且我司土建所结构一室在核岛土建设计方面已积累了丰富的设计经验，有能力提供完整的配筋设计规则定制。设计技术支持所计算机辅助设计室则在软件开发方面有专业的开发团队。结合土建所和设计技术支持所各自所长，联合进行结构三维配筋研发，实现设计资源有机结合、优势互补，进而取得预期成果。

PDMS 平台是英国 AVEVA 公司开发的一款工厂布置设计平台。自 1977 年问世以来，已在国际上大型复杂工厂设计中得到了广泛应用，包括电力、石化等行业。PDMS 平台具有很强三维引擎能力，从而能有效完成核电工厂布置设计。与国内已经使用过的 CATIA 和 ACIS 三维几何引擎相比，其具有以下特点。

(1)强大的三维空间布置能力，可以有效完成大型复杂工厂中三维布置设计，而 CATIA 和 ACIS 不具备该能力。

(2)具备一定的设备三维建模能力，但在复杂精细的设备方面的建模设计能力比 CATIA 和 ACIS 几何引擎要差，如处理各种复杂曲面(如各种样条面)能力较差，因而不能用精细化设备制造设计。在详细分析核电土建配筋设计特点后发现，PDMS 平台可以满足环墙体、不规则多面体、多孔洞等建模设计要求。

(3)创建设备模型，由于数据处理方式的不同，与 CATIA 和 ACIS 几何引擎对比，PDMS 平台的模型数据量小，处理效率高。

(4)PDMS 平台可以与其他相关土建结构设计进行有效数据联动与协同，而 CATIA 和 ACIS 几何引擎不具备此功能。

另外，PDMS Draft 模块用户可以交互生成各类视图，通过开发自动标注配筋出图所需的各类标注信息，如轴网、墙号、钢筋范围、钢筋信息等，使自动化配筋出图效率能达到了 80%以上；通过对已经创建完成的钢筋进行数据分析整理，可以自动创建钢筋图表并与钢筋模型进行实时同步；通过分析归纳含钢量、用钢量、混凝土量识别提取方法，结合三维结构模型和钢筋模型，开发工程报表工具，可以实现含钢量、用钢量、混凝土量报表自动生成。

因此，在详细分析了核电配筋设计的特点后认为，选用 PDMS 平台作为三维引擎，可以满足核电三维配筋设计要求，并具有模型数据处理效率高，能实现三维配筋的自动化出图，及可以和相关土建布置模型进行数据协同的优势。

通过研究和梳理，利用 PML、. NET 等关键开发技术，历经长达 2 年多的时间，最终基于 PDMS 的结构三维配筋研究成功。

(1)通过选择配筋构件对象、输入钢筋参数、配筋规则等信息，进行自动配筋或手动配筋设计，最终输出配筋图和工程报表等，设计流程如图 3-52 所示。

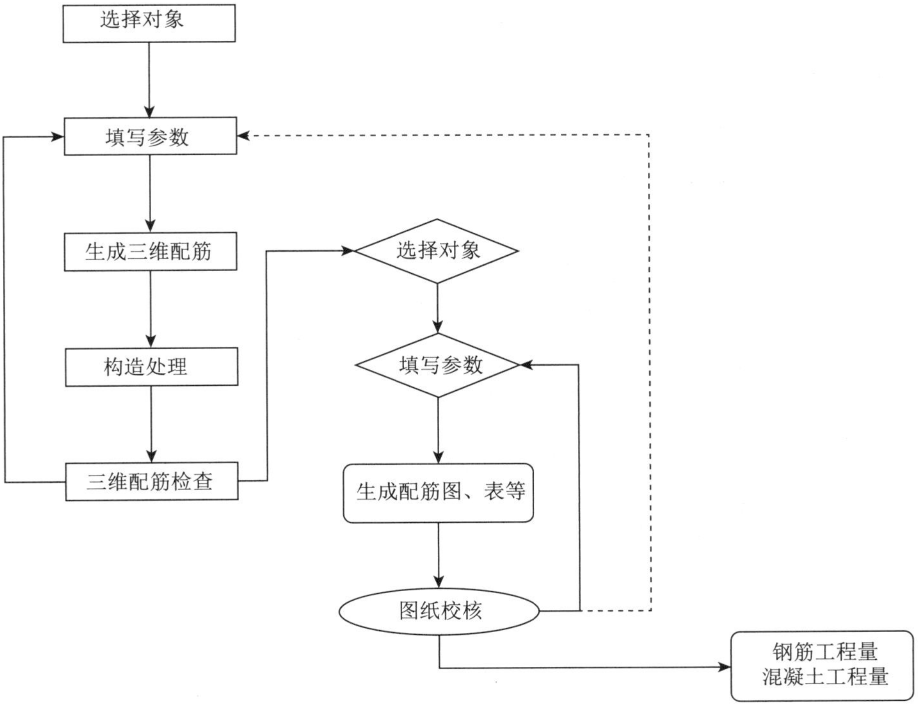

图 3-52　三维配筋设计流程

(2)通过开发集成了通用配筋、预应力钢束设计、锚筋设计、环墙配筋、坐标文件提取、ANSYS 计算接口、环梁设计与配筋功能，总体框架如图 3-53 所示。

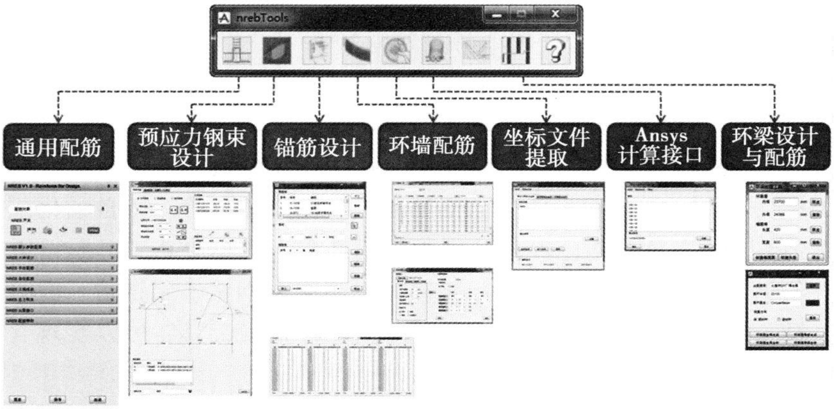

图 3-53　三维配筋框架总体框架

为了打破传统的二维结构配筋方式，主要研发了通用配筋、预应力钢束设计、锚筋设计、环墙配筋、环梁配筋等结构三维配筋及出图方式，极大地提高了设计效率。

1)通用配筋。通过以大样模板、钢筋库为基础，结合自主开发的配筋结构分析功能、配筋结构与配筋规则匹配功能、配筋参数导入功能等，实现对核电厂房结构配筋自动化；针对自动配筋无法配置的复杂结构模型及设计用户需手动干预配筋的结构模型，通过 PDMS 二次开发出一系列的辅助工具，辅助设计人员快速完钢筋的创建与编辑。通用配筋设计流程如图 3-54 所示。

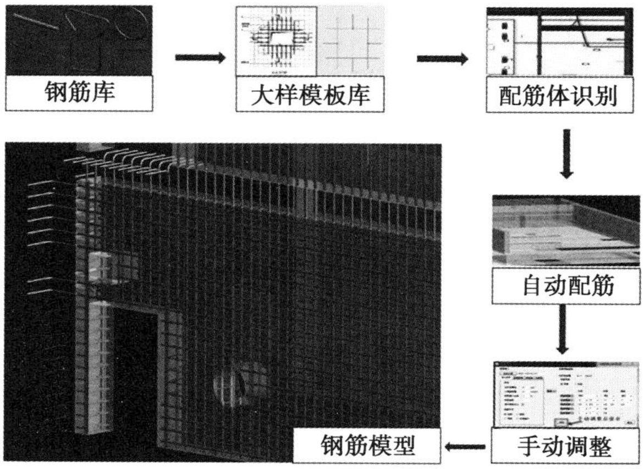

图 3-54　通用配筋设计流程

2)预应力钢束设计。通过对钢束设计规则分析，建立几何关系式，进而进行几何求解，建立设计逻辑，开发了整套安全壳、穹顶预应力钢束布置设计与快速建模功能。并能按要求生成不同展开半径的展开图(见图 3-55、图 3-56)。

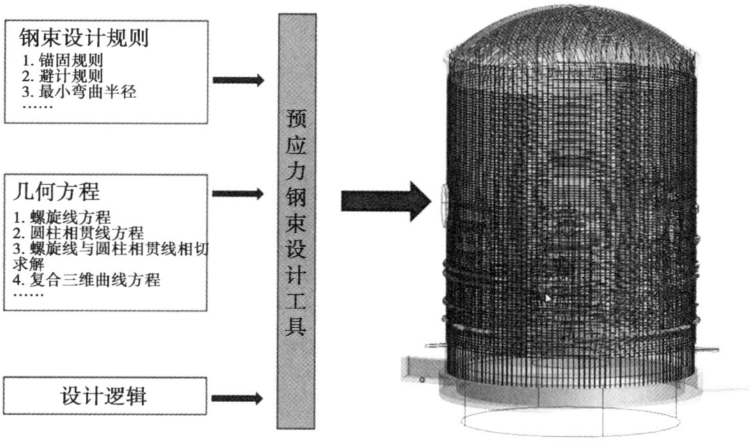

图 3-55　预应力配筋设计流程

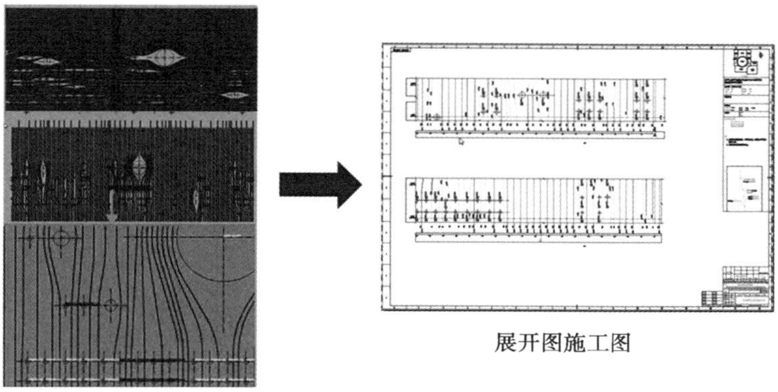

图 3-56　预应力配筋展开图

3) 锚筋设计。通过添加锚筋库，定义锚筋的位置与角度，实现快速批量创建锚筋(见图 3-57)。

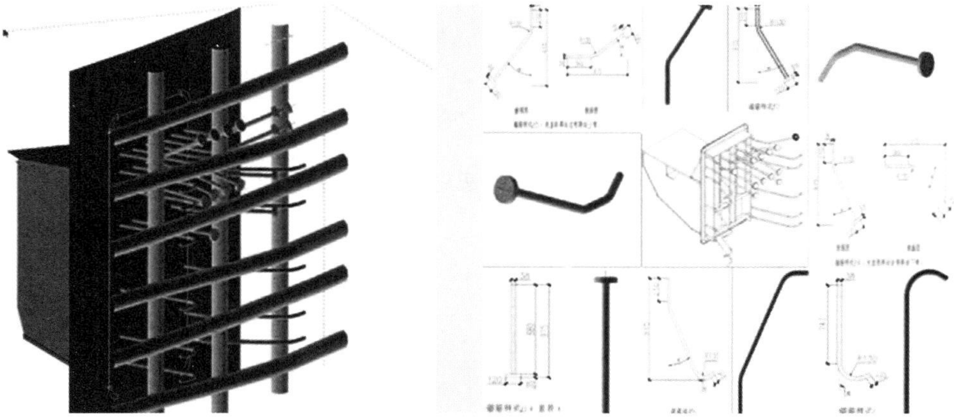

图 3-57　锚筋库建设

4) 环墙配筋。通过定义配筋的参数实现安全壳壳体批量自动三维配筋，并通过分析孔洞、闸门周边等特殊区域的钢筋布置特点，定制开发实现特殊区域自动配筋。环墙配筋如图 3-58 所示。

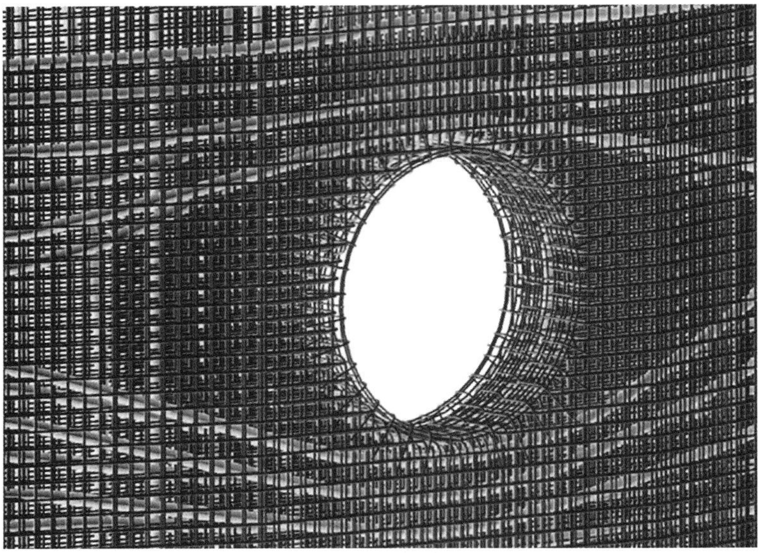

图 3-58　环墙配筋

5) 环梁设计与配筋。通过分析环梁朝向面及过渡面配筋规则，实现负挖土建模型、创建环梁面、创建锚固板、创建锚头、环梁配筋以及生成环梁展开图(图 3-59)、钢筋表(图 3-60)。

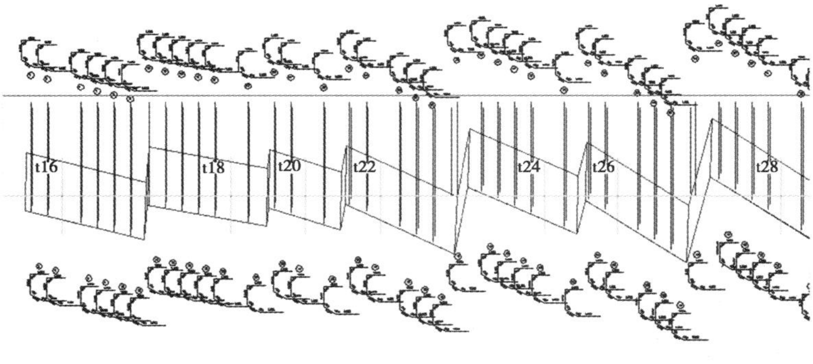

图 3-59　环梁配筋展开图示例

32	1	16	4.646	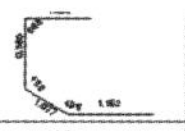	29.33
32	2	16	4.296	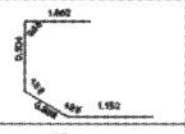	27.12
32	3	16	4.698	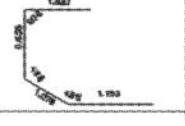	29.66

图 3-60　钢筋表示例

生成三维钢束后，可进行三维碰撞检查(见图 3-61)。根据系统设定，当钢束会发生碰撞时，碰撞的钢束会自动标识显示，从而能快速识别碰撞钢束的类型和碰撞区域，根据需要还可生成碰撞检查报告(见图 3-62)。检查报告会告知碰撞钢束的编号，碰撞点位置坐标，碰撞距离等信息供设计人员分析和处理。设计人员对碰撞钢束参数进行调整后，会同时显示调整前的钢束，并用颜色或透明度区分，以便设计人员根据两次调整变化量判断参数敏感性，快速识别出敏感参数，解决碰撞问题，极大提升了设计质量。

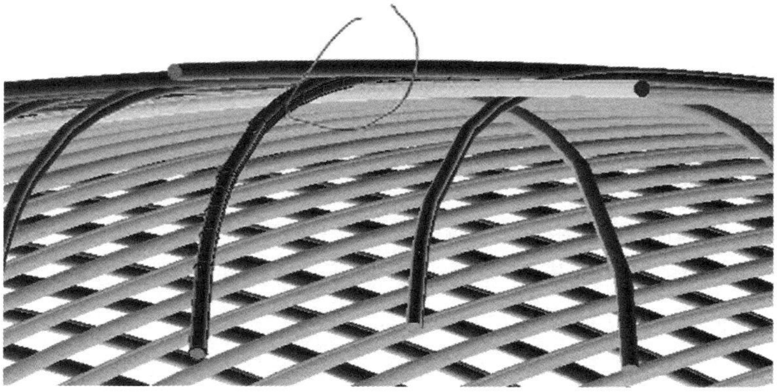

图 3-61　钢束碰撞检查

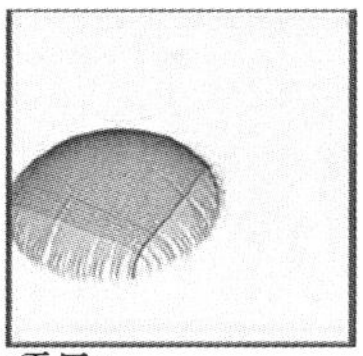

名称	碰撞1
距离	−0.03 m
说明	硬碰撞
状态	新
碰撞点	10.71 m，−18.20 m，51.00 m
创建日期	2017/7/3 01:19:40

项目1

项目 名称　GENSEC1 of FRMWORK25 of STRUCTURE/Group3–BSS

项目 类型　组

项目2

项目 名称　GENSEC1 of FRMWORK23 of STRUCTURE/Group2–BSS

项目 类型　组

图 3-62　钢束碰撞检查报告

通过智能统计功能，一键导出所需的坐标文件，包括预应力钢束点坐标、穹顶钢束点坐标、环梁面点坐标等，供现场二次设计使用，进一步对模型的有效性进行验证，极大提高了设计质量。三维配筋设计的钢束平面图与现场给的二次设计对比(绿色为原设计钢束线，红色为现场二次设计钢束线)，如图 3-63 所示。

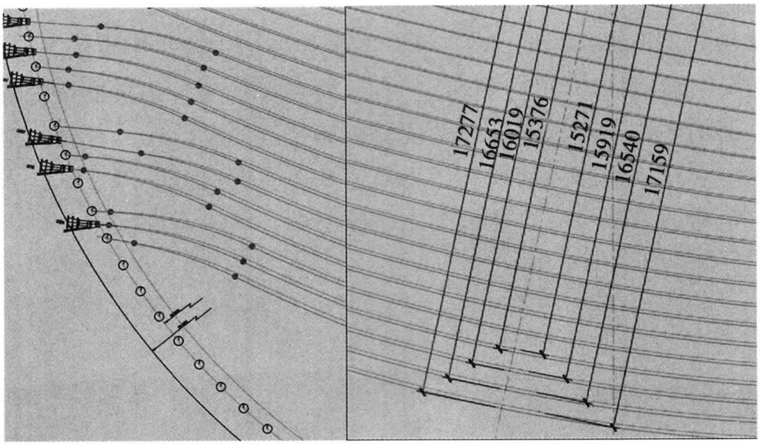

图 3-63　现场二次设计验证示例

建立 PDMS 与 ANSYS 有限元分析软件接口，将 PDMS 输出钢束模型(见图 3-64)作为 ANSYS 计算输入，对三维模型进行力学分析，得到钢束各部分的应力分布及变形量，以实现安全壳完整性所必须达到的功能。

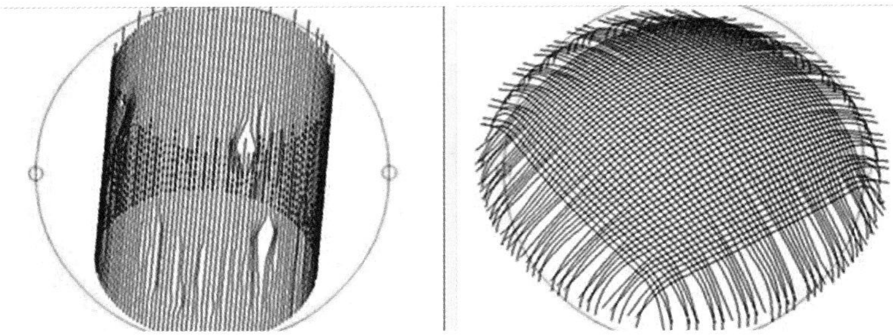

图 3-64　PDMS 输出钢束模型

(3)通过应用产生效益

1)解决技术难点。通过安全壳配筋三维设计系统可以精确模拟三维复杂空间区域的安全壳钢筋布置分布，解决了复杂区域配筋难的问题；按照标准样式与节点样式的设计规范，通过参数自动分布钢筋以实现圆弧式与直线式的标准样式配筋；按照定制样式的设计规范，通过自动添加钢筋以实现闸门节点配筋；运用孔洞节点的技术手段，解决了孔切割钢筋、单孔加筋、孔洞分组、联合孔洞加筋等技术难点问题。

2)提升设计施工质量。研究成果首次在 PDMS 布置设计平台上实现了安全壳配筋三维设计，填补了公司在该领域设计应用的空白；减少了大量人工设计的过程，减少了人因失误的可能，提高了安全壳配筋设计的质量；在现场施工安装方面，通过安全壳配筋的三维模型，可预先发现安全壳配筋现场施工安装的难点，同时做施工进度计划时，可提前把该施工安装难点考虑在内，减少了现场施工人员解读配筋图纸的时间，提高了现场施工安装效率；推动了安全壳配筋的数字化、信息化设计，研发了拥有自主知识产权的安全壳配筋三维设计系统。

通过某项目的验证，已经初步验证了该成果的有效性、正确性；后续项目根据设计需要，可直接应用于核电厂房结构配筋或非核电的三维结构配筋设计，将显著提高配筋效率和质量。

3.7.3　电气 IED 三维设计

核电电气 IED 是核电电气专业设计子项通信、火警、照明专业的统称，对保障核电厂正常运转作用很大，是核电电气系统设计的重要组成部分。传统 IED 布置设计沿用粗放式二维手绘进行设计，此设计模式效率较低。易出现碰撞导致的变更问题；同时其材料统计精度偏低，导致大宗材料浪费情况；其施工图出图效率不高，对工程成本、设计进度及质量风险把控不利。设计院基于 PDMS 构建的布置设计平台已在“华龙一号”示范项目上正式全面推广应用，并取得良好的应用效果，且“华龙一号”将要出口的英国核电项目也指定使用 PDMS 进行三维布置与出图。鉴于上述情况，公司通过深入论证研究，决定将电气 IED 专业的布置设计工作纳入设计院三维布置设计体系，完成电气 IED 三维布置设计解决方案的研发与应用。通过建立 IED 三维设计业务体系，可以很好地解决传统设计方式难题。首先可以实现可视化设计，便于执行碰撞检查，提升协同设计水平，减少变更的发生；然后实现三维精细化设计，大幅提升材料统计精度，为材料采购成本把控方面提供依据；最后实现智能化自动出图，及时为施工方提供详细的图纸依据，解决设计进度与质量风险把控难题。

(1)电气 IED 三维布置设计解决方案

通过采用三维设计模式可进一步降低电气 IED 设计工作的成本投入，提高此项工作设计质量、效率与水平。设计院结合 IED 专业自身要求及三维工具特点，设计出可行的 IED 三维布置设计总体解决方案如图 3-65 所示。方案的关键技术在于如何解决 IED 元件库建设、IED 布置建模、IED 自动出图、IED 材料统计等。解决了这些问题，就可以保证 IED 模型质量达到等同施工图纸的要求，就基本上实现了 IED 三维布置设计。该方案将 IED 布置设计信息以三维模型为载体，设计工作统一在 PDMS 三维平台上进行，可以优化专业间协同设计，缩短工程设计的周期，极大地减少现场碰撞，并为项目提供了准确的 IED 托盘、电缆管、IED 支架材料表，为项目采购、施工提供指导文件，并为核电厂后期数字化维护打下基础。

(2)IED 元件库建设

PDMS 的模型元件数据库(简称元件库)是三维设计的基石，IED 三维设计的基础就是 IED 元件库建设(见图 3-66)。IED 建库工作是一个持续的过程，通过对电气专业提出的建库需求进行深入分析，为“华龙一号”示范项目完成 IED 标准设备、标准支架、标准托盘元件、电缆管元件的建设工作，共计 355 类。元件库中集成大量标准基础信息，如物料编码、描述、管径、单位重量、尺寸等，为 IED 三维布置设计工作打下了坚实基础。

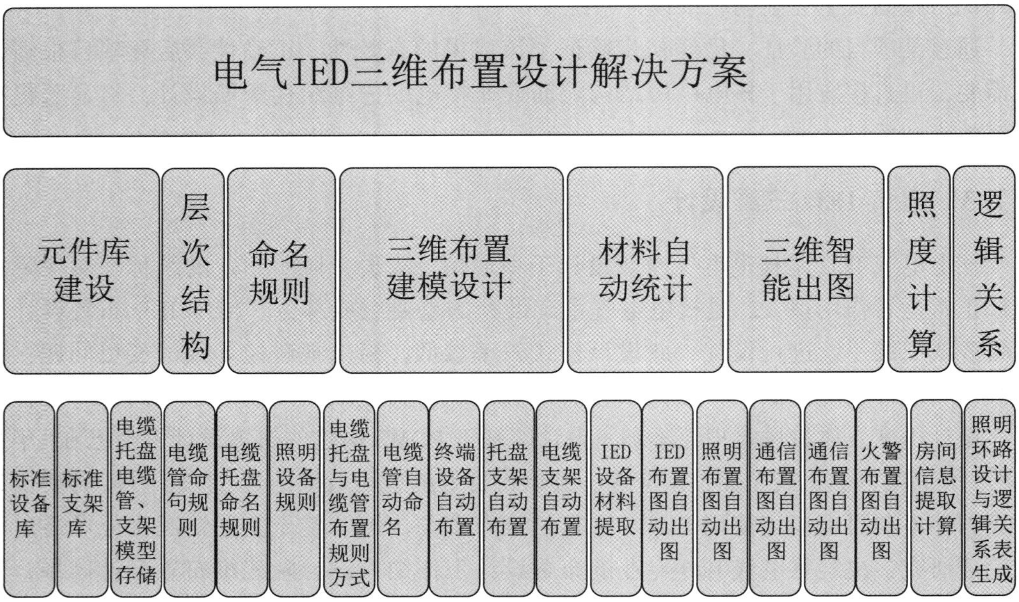

图 3-65　电气 IED 三维布置设计解决方案

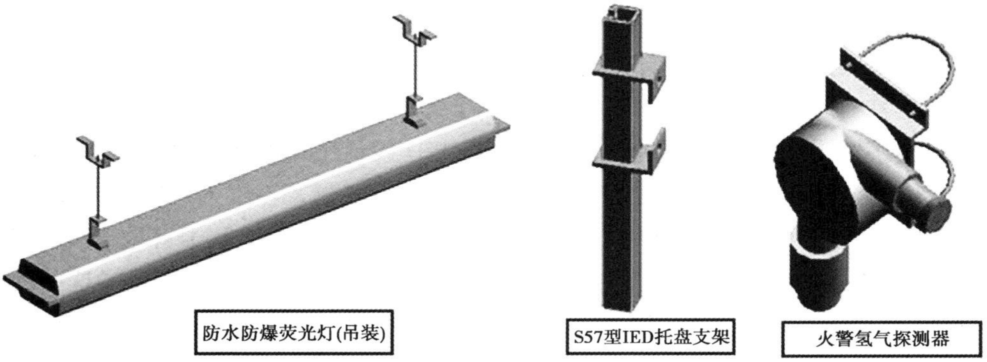

图 3-66　IED 模板库

(3) IED 三维建模布置

为了实现 IED 三维布置设计模式(见图 3-67)，首先对 IED 三维设计的树状数据库层次按厂房、专业、层高等进行规划，然后为 IED 三维物项按以现有《华龙一号项目电电气与仪控 PDMS 三维建模技术细则》为指导，制定命名规则。最后对 IED 三维模型的布置方式进行划分，对已经很成熟物项类型的布置工作，沿用 PDMS 的通用布置模式；对 IED 个性化的物项布置，采用针对 IED 独立研发的一系列自动布置工具，实现批量化布置模式。实现了 IED 标准灯具、标准托盘支架、电缆管支架的批量化布置，极大地提高了 IED 布置设计效率。

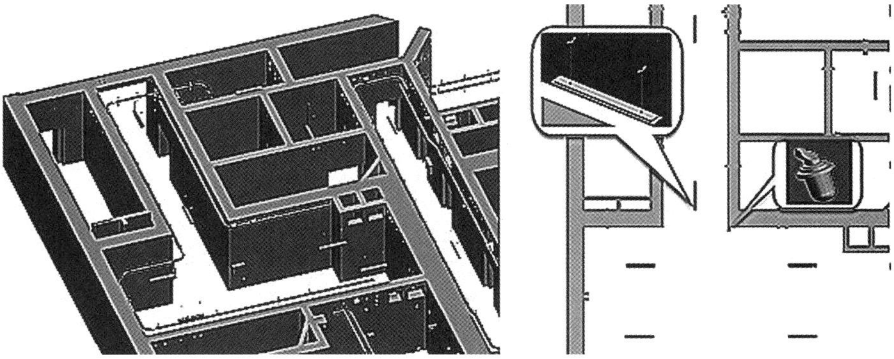

图 3-67　IED 布置效果

(4)IED 三维材料统计

IED 传统设计中，材料统计工作一直无法做到精准，为了保证设计裕量，设计人员通常超量统计，过量采购，造成实际 IED 大宗材料过剩问题，增加了工程成本。利用 PDMS 二次开发技术，实现自动按厂房区域层位统计 IED 材料信息，除了自动统计模型显示的物项外，还将螺栓、螺母、垫圈等模型中未体现的物项信息写入到元件库中，直接读取相关隐藏信息，从源头上提高材料统计信息准确度和效率，解决 IED 大宗材料剩余问题。IED 材料统计报表如图 3-68 所示。

	A	B	C	D	E	F	G	H	I	J	K	L	M	N	O	P	Q	R
1	序号	电厂识别码	机组	岛别	系统	厂房	单位	数量	物料码	简称	描述	规格	技术规格书	文件编码	文件版本	卷标	DEN编码	列表
2	1	/3JDT2501DTR	B	NI	JDT	3BRX	PC	1	ZL341DT11001	智能光电感烟火灾探测器(核区)	耐辐照剂量1415Gy	JTY-GD-NP2251/B501BI/DZ-B001FS	BSY28400001DETX44DS		A	1/1	–	–
3	2	/3JDT7501DTR	B	NI	JDT	3BRX	PC	1	ZL341DT11001	智能光电感烟火灾探测器(核区)	耐辐照剂量1415Gy	JTY-GD-NP2251/B501BI/DZ-B001FS	BSY28400001DETX44DS		A	1/1	–	–
4	3	/3JDT7502DTR	B	NI	JDT	3BRX	PC	1	ZL341DT11001	智能光电感烟火灾探测器(核区)	耐辐照剂量1415Gy	JTY-GD-NP2251/B501BI/DZ-B001FS	BSY28400001DETX44DS		A	1/1	–	–
5	4	/3JDT2502DTR	B	NI	JDT	3BRX	PC	1	ZL341DT11001	智能光电感烟火灾探测器(核区)	耐辐照剂量1415Gy	JTY-GD-NP2251/B501BI/DZ-B001FS	BSY28400001DETX44DS		A	1/1	–	–
6	5	/3JDT7503DTR	B	NI	JDT	3BRX	PC	1	ZL341DT11001	智能光电感烟火灾探测器(核区)	耐辐照剂量1415Gy	JTY-GD-NP2251/B501BI/DZ-B001FS	BSY28400001DETX44DS		A	1/1	–	–
7	6	/3JDT2503DTR	B	NI	JDT	3BRX	PC	1	ZL341DT11001	智能光电感烟火灾探测器(核区)	耐辐照剂量1415Gy	JTY-GD-NP2251/B501BI/DZ-B001FS	BSY28400001DETX44DS		A	1/1	–	–
8	7	/3JDT7504DTR	B	NI	JDT	3BRX	PC	1	ZL341DT11001	智能光电感烟火灾探测器(核区)	耐辐照剂量1415Gy	JTY-GD-NP2251/B501BI/DZ-B001FS	BSY28400001DETX44DS		A	1/1	–	–
9	8	/3JDT2504DTR	B	NI	JDT	3BRX	PC	1	ZL341DT11001	智能光电感烟火灾探测器(核区)	耐辐照剂量1415Gy	JTY-GD-NP2251/B501BI/DZ-B001FS	BSY28400001DETX44DS		A	1/1	–	–
10	9	/3JDT7604DTR	B	NI	JDT	3BRX	PC	1	ZL341DT11001	智能光电感烟火灾探测器(核区)	耐辐照剂量1415Gy	JTY-GD-NP2251/B501BI/DZ-B001FS	BSY28400001DETX44DS		A	1/1	–	–
11	10	/3JDT2609DTR	B	NI	JDT	3BRX	PC	1	ZL341DT11001	智能光电感烟火灾探测器(核区)	耐辐照剂量1415Gy	JTY-GD-NP2251/B501BI/DZ-B001FS	BSY28400001DETX44DS		A	1/1	–	–
12	11	/3JDT2641DTR	B	NI	JDT	3BRX	PC	1	ZL341DT11001	智能光电感烟火灾探测器(核区)	耐辐照剂量1415Gy	JTY-GD-NP2251/B501BI/DZ-B001FS	BSY28400001DETX44DS		A	1/1	–	–
13	12	/3JDT2608DTR	B	NI	JDT	3BRX	PC	1	ZL341DT11001	智能光电感烟火灾探测器(核区)	耐辐照剂量1415Gy	JTY-GD-NP2251/B501BI/DZ-B001FS	BSY28400001DETX44DS		A	1/1	–	–
14	13	/3JDT7603DTR	B	NI	JDT	3BRX	PC	1	ZL341DT11001	智能光电感烟火灾探测器(核区)	耐辐照剂量1415Gy	JTY-GD-NP2251/B501BI/DZ-B001FS	BSY28400001DETX44DS		A	1/1	–	–
15	14	/3JDT7602DTR	B	NI	JDT	3BRX	PC	1	ZL341DT11001	智能光电感烟火灾探测器(核区)	耐辐照剂量1415Gy	JTY-GD-NP2251/B501BI/DZ-B001FS	BSY28400001DETX44DS		A	1/1	–	–
16	15	/3JDT2607DTR	B	NI	JDT	3BRX	PC	1	ZL341DT11001	智能光电感烟火灾探测器(核区)	耐辐照剂量1415Gy	JTY-GD-NP2251/B501BI/DZ-B001FS	BSY28400001DETX44DS		A	1/1	–	–
17	16	/3JDT7601DTR	B	NI	JDT	3BRX	PC	1	ZL341DT11001	智能光电感烟火灾探测器(核区)	耐辐照剂量1415Gy	JTY-GD-NP2251/B501BI/DZ-B001FS	BSY28400001DETX44DS		A	1/1	–	–
18	17	/3JDT2606DTR	B	NI	JDT	3BRX	PC	1	ZL341DT11001	智能光电感烟火灾探测器(核区)	耐辐照剂量1415Gy	JTY-GD-NP2251/B501BI/DZ-B001FS	BSY28400001DETX44DS		A	1/1	–	–
19	18	/3JDT7600DTR	B	NI	JDT	3BRX	PC	1	ZL341DT11001	智能光电感烟火灾探测器(核区)	耐辐照剂量1415Gy	JTY-GD-NP2251/B501BI/DZ-B001FS	BSY28400001DETX44DS		A	1/1	–	–
20	19	/3JDT2605DTR	B	NI	JDT	3BRX	PC	1	ZL341DT11001	智能光电感烟火灾探测器(核区)	耐辐照剂量1415Gy	JTY-GD-NP2251/B501BI/DZ-B001FS	BSY28400001DETX44DS		A	1/1	–	–
21	20	/3JDT7577DTR	B	NI	JDT	3BRX	PC	1	ZL341DT11001	智能光电感烟火灾探测器(核区)	耐辐照剂量1415Gy	JTY-GD-NP2251/B501BI/DZ-B001FS	BSY28400001DETX44DS		A	1/1	–	–
22	21	/3JDT2677DTR	B	NI	JDT	3BRX	PC	1	ZL341DT11001	智能光电感烟火灾探测器(核区)	耐辐照剂量1415Gy	JTY-GD-NP2251/B501BI/DZ-B001FS	BSY28400001DETX44DS		A	1/1	–	–
23	22	/3JDT2676DTR	B	NI	JDT	3BRX	PC	1	ZL341DT11001	智能光电感烟火灾探测器(核区)	耐辐照剂量1415Gy	JTY-GD-NP2251/B501BI/DZ-B001FS	BSY28400001DETX44DS		A	1/1	–	–
24	23	/3JDT7576DTR	B	NI	JDT	3BRX	PC	1	ZL341DT11001	智能光电感烟火灾探测器(核区)	耐辐照剂量1415Gy	JTY-GD-NP2251/B501BI/DZ-B001FS	BSY28400001DETX44DS		A	1/1	–	–
25	24	/3JDT7575DTR	B	NI	JDT	3BRX	PC	1	ZL341DT11001	智能光电感烟火灾探测器(核区)	耐辐照剂量1415Gy	JTY-GD-NP2251/B501BI/DZ-B001FS	BSY28400001DETX44DS		A	1/1	–	–
26	25	/3JDT2575DTR	B	NI	JDT	3BRX	PC	1	ZL341DT11001	智能光电感烟火灾探测器(核区)	耐辐照剂量1415Gy	JTY-GD-NP2251/B501BI/DZ-B001FS	BSY28400001DETX44DS		A	1/1	–	–
27	26	/3JDT2574DTR	B	NI	JDT	3BRX	PC	1	ZL341DT11001	智能光电感烟火灾探测器(核区)	耐辐照剂量1415Gy	JTY-GD-NP2251/B501BI/DZ-B001FS	BSY28400001DETX44DS		A	1/1	–	–
28	27	/3JDT7574DTR	B	NI	JDT	3BRX	PC	1	ZL341DT11001	智能光电感烟火灾探测器(核区)	耐辐照剂量1415Gy	JTY-GD-NP2251/B501BI/DZ-B001FS	BSY28400001DETX44DS		A	1/1	–	–
29	28	/3JDT2573DTR	B	NI	JDT	3BRX	PC	1	ZL341DT11001	智能光电感烟火灾探测器(核区)	耐辐照剂量1415Gy	JTY-GD-NP2251/B501BI/DZ-B001FS	BSY28400001DETX44DS		A	1/1	–	–
30	29	/3JDT7573DTR	B	NI	JDT	3BRX	PC	1	ZL341DT11001	智能光电感烟火灾探测器(核区)	耐辐照剂量1415Gy	JTY-GD-NP2251/B501BI/DZ-B001FS	BSY28400001DETX44DS		A	1/1	–	–
31	30	/3JDT2572DTR	B	NI	JDT	3BRX	PC	1	ZL341DT11001	智能光电感烟火灾探测器(核区)	耐辐照剂量1415Gy	JTY-GD-NP2251/B501BI/DZ-B001FS	BSY28400001DETX44DS		A	1/1	–	–
32	31	/3JDT7572DTR	B	NI	JDT	3BRX	PC	1	ZL341DT11001	智能光电感烟火灾探测器(核区)	耐辐照剂量1415Gy	JTY-GD-NP2251/B501BI/DZ-B001FS	BSY28400001DETX44DS		A	1/1	–	–
33	32	/3JDT2571DTR	B	NI	JDT	3BRX	PC	1	ZL341DT11001	智能光电感烟火灾探测器(核区)	耐辐照剂量1415Gy	JTY-GD-NP2251/B501BI/DZ-B001FS	BSY28400001DETX44DS		A	1/1	–	–
34	33	/3JDT7571DTR	B	NI	JDT	3BRX	PC	1	ZL341DT11001	智能光电感烟火灾探测器(核区)	耐辐照剂量1415Gy	JTY-GD-NP2251/B501BI/DZ-B001FS	BSY28400001DETX44DS		A	1/1	–	–
35	34	/3JDT7570DTR	B	NI	JDT	3BRX	PC	1	ZL341DT11001	智能光电感烟火灾探测器(核区)	耐辐照剂量1415Gy	JTY-GD-NP2251/B501BI/DZ-B001FS	BSY28400001DETX44DS		A	1/1	–	–
36	35	/3JDT2570DTR	B	NI	JDT	3BRX	PC	1	ZL341DT11001	智能光电感烟火灾探测器(核区)	耐辐照剂量1415Gy	JTY-GD-NP2251/B501BI/DZ-B001FS	BSY28400001DETX44DS		A	1/1	–	–
37	36	/3JDT2532CRR	B	NI	JDT	3BRX	PC	1	ZL341CR14001	微机调制器箱	抗震箱体,含1只微机	XSEH-1	BSY28400001DETX44DS		A	1/1	–	–
38	37	/3JDT2533CRR	B	NI	JDT	3BRX	PC	1	ZL341CR14001	微机调制器箱	抗震箱体,含1只微机	XSEH-1	BSY28400001DETX44DS		A	1/1	–	–
39	38	/3JDT2535CRR	B	NI	JDT	3BRX	PC	1	ZL341CR14001	微机调制器箱	抗震箱体,含1只微机	XSEH-1	BSY28400001DETX44DS		A	1/1	–	–
40	39	/3JDT2531CRR	B	NI	JDT	3BRX	PC	1	ZL341CR14001	微机调制器箱	抗震箱体,含1只微机	XSEH-1	BSY28400001DETX44DS		A	1/1	–	–
41	40	/3JDT2534CRR	B	NI	JDT	3BRX	PC	1	ZL341CR14001	微机调制器箱	抗震箱体,含1只微机	XSEH-1	BSY28400001DETX44DS		A	1/1	–	–
42	41	/3JDT2600DTR	B	NI	JDT	3BRX	PC	1	ZL341DT11003	智能光电感烟火灾探测器(黄区及	耐辐照剂量120Gy	JTY-GD-ISL2088C/B501BI/DZ-B001FS	BSY28400001DETX44DS		A	1/1	–	–
43	42	/3JDT2640DTR	B	NI	JDT	3BRX	PC	1	ZL341DT11003	智能光电感烟火灾探测器(黄区及	耐辐照剂量120Gy	JTY-GD-ISL2088C/B501BI/DZ-B001FS	BSY28400001DETX44DS		A	1/1	–	–
44	43	/3JDT7613DTR	B	NI	JDT	3BRX	PC	1	ZL341DT11003	智能光电感烟火灾探测器(黄区及	耐辐照剂量120Gy	JTY-GD-ISL2088C/B501BI/DZ-B001FS	BSY28400001DETX44DS		A	1/1	–	–
45	44	/3JDT2620DTR	B	NI	JDT	3BRX	PC	1	ZL341DT11003	智能光电感烟火灾探测器(黄区及	耐辐照剂量120Gy	JTY-GD-ISL2088C/B501BI/DZ-B001FS	BSY28400001DETX44DS		A	1/1	–	–
46	45	/3JDT2509DTR	B	NI	JDT	3BRX	PC	1	ZL341DT11003	智能光电感烟火灾探测器(黄区及	耐辐照剂量120Gy	JTY-GD-ISL2088C/B501BI/DZ-B001FS	BSY28400001DETX44DS		A	1/1	–	–

Sheet1

图 3-68　IED 材料统计报表

（5）IED 三维自动出图

利用三维布置设计的 IED 模型成果所包含的参数信息，制定 IED 平面出图工作框架（见图 3-69），定制规划出图中模型出图样式风格规格等，实现 IED 平面出图自动出图（见图 3-70），并利用二次开发技术，开发相应出图工具，实现图面信息的精准标注。IED 图纸中，同类型的终端设备物项数量很多，原来二维出图，都用标准图例表示，若按实际模型物项投影生成，图纸信息会比较杂乱，也打破了与现场施工方一直保持的识图默契，面对 IED 图纸的这个特点，设计院大规模将 IED 标准图例嵌入的三维出图系统，并制定好实体与图例对应识别规则，实现三维出图最终效果与传统图纸信息表达方式以及图纸标准图例保持一致。

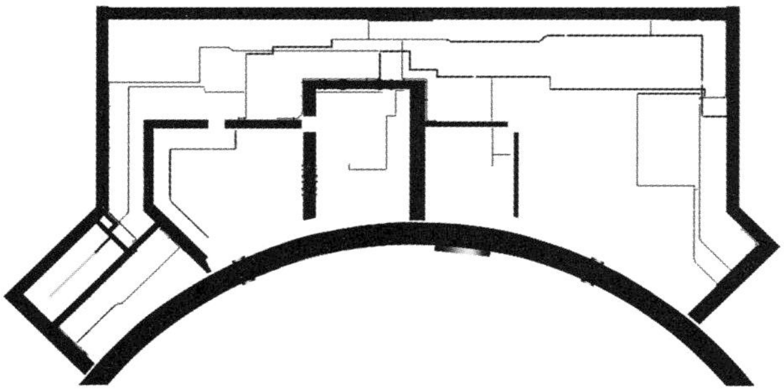

图 3-69 IED 智能出图–三维模型

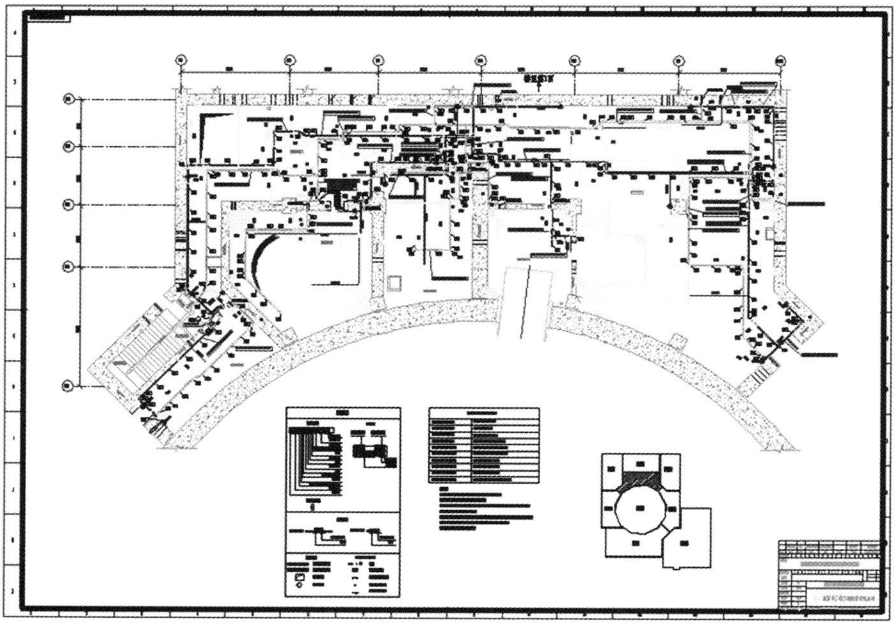

图 3-70 IED 智能出图–图纸

(6) IED 计算工具开发

利用 PDMS 二次开发技术，实现按厂房、层位自动导出照度计算重要的房间基础尺寸参数，进而利用嵌入的照度计算公式自动生成房间所需照度信息；利用 PDMS 二次开发技术，实现了在三维模型中能够创建设备之间的层次结构和逻辑关系，能体现设备的上下游关系，并实现根据回路信息，自动生成照明终端设备连接逻辑关系表。利用逻辑关系表，设计师可以迅速识别端接逻辑信息，从而为后续的电缆敷设工作提供输入依据。

(7) 项目应用情况

自 2018 年以来，公司成功全面采用自主研发的电气 IED 三维设计模式，较传统设计方式大幅提高了设计效率。防城港核电厂二期项目电气专业已经完成16 800 多根、约 50 km IED 管线的模型布置工作，27 400 多个终端设备(灯具、配电箱、开关、警铃、防爆感烟探测器、就地模拟盘、声光报警器等)，以及 32 700 多个各类型号托盘支架的布置设计工作，完成了关键厂房 BRX、BFX、BPX、BSC、BNX 厂房-4.9 m 至+22.5 m 区域的照明、火警、通信各类终端布置图、托盘布置图、电缆管布置图共计数千张，节省了大量人力成本。

3.7.4 先进建造技术的融合应用

核电厂的建造周期从浇灌第一灌混凝土到并网发电，耗时 4~6 年不等。其建造费用远高于运行维护和燃料费用，按照经合组织/核能机构(OECD/NEA)的统计，建造费用占核电发电总成本的比例高达 50%~70%。传统的核电建筑安装施工方法建造周期长、造价高，对施工现场的人力、物力需求大，同时施工过程受到气候、气温等因素影响，对建造周期、成本以及建造质量等带来一定的不利影响。

“华龙一号”已然成为中国“走出去”的一张国家名片，是代表国家核心竞争力的“国之重器”，因此开展先进建造技术研究，对于“华龙一号”缩短建造周期、节约建造成本、改善项目建设管理、提高工程建造安全质量具有重要意义。

“华龙一号”先进建造技术是基于“华龙一号”技术示范项目设计成果，通过重点研究模块化建造技术、主设备开顶式施工技术、分层按区域平行施工技术，以及先进建造技术的相关配套技术，同时还包括施工“四新”技术(新技术工艺、新设备、新材料、新管理工具)等技术，形成的“华龙一号”整体建造技术方案。

(1) 模块化建造技术

模块化建造技术作为先进建造技术的重要技术之一，其是集设计、采购、施工为一体的综合技术，各环节紧密相扣。由于设计、施工、采购及管理等方式的不同，且技术的革新对工程进度逻辑带来了颠覆性变化，传统的设计平台和信息管理平台并不能直接满足模块化建造技术研究的信息化要求，因此模块化三维设计系统和模块化综合信息管理平台孕育而生。

1)模块化三维设计系统

模块化建造技术实现的基础是模块化设计，模块是指具有一定结构功能或安装物项、能够独立运输、吊装引入的集合体。核电厂模块分为结构模块与机械模块。结构模块是将在工厂内提前预制形成的土建房间、楼板、墙体或钢结构模块，这些模块运输到现场后进行组装，采取大型吊机一次吊装就位；机械模块是指将设备、管道、阀门、风管、桥架、仪表和支吊架等某一个区域内的物项集中布置在共用的永久钢结构框架中，通过现场或者工厂预制成一个单元，一般通过吊机整体引入并安装在核电厂相应位置中。

目前华龙项目已广泛应用基于 PDMS 构建的三维协同布置设计平台开展设计，积累了大量成熟使用的经验，使用三维协同布置设计平台开展先进建造设计，不用单独重新建立三维模型，可以直接参考正常设计流程中的电厂三维模型，能有效地减少建模的工作量；三维协同布置设计平台的可视化、多专业协同设计、模型碰撞检查、智能出图等功能也会为先进建造设计带来很大的便利。

虽然三维协同布置设计平台已满足模块化三维设计的基本需求，但模块化设计的特殊性要求(设计方式、设计流程、出图样式等)并不能满足，因此公司基于现有平台研发了适用于华龙核电项目的模块化三维设计系统。

该系统主要包括模块区域概选、模块对象定义、模块对象设计、模块施工图设计、模块重量及重心计算、模块部件清单导出六大功能，同时引进钢结构专业设计软件 TeKla，并融入系统承担模块钢结构设计，最终形成完整的设计系统。其主要系统架构如图 3-71 所示。

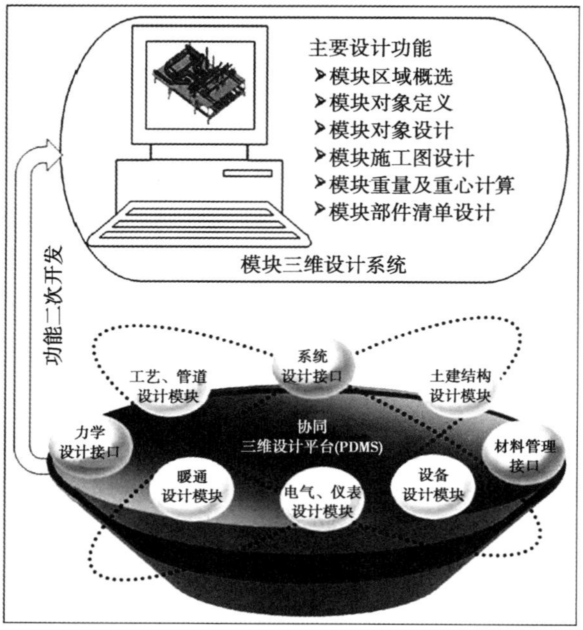

图 3-71　布置平台与模块

目前已完成 77 个结构模块的三维设计研发工作，其中反应堆内部结构施工是土建施工的关键路径，针对反应堆内部结构复杂、施工周期长的特点，采用钢板混凝土结构技术通过模块三维设计系统将原始设计的钢筋混凝土结构设计成六类 19 个大型结构模块(如图 3-72 所示)，体量约占内部结构的 60%，预计结构模块的应用实施可大幅度减少现场土建施工工程量、缩短建造关键路径。

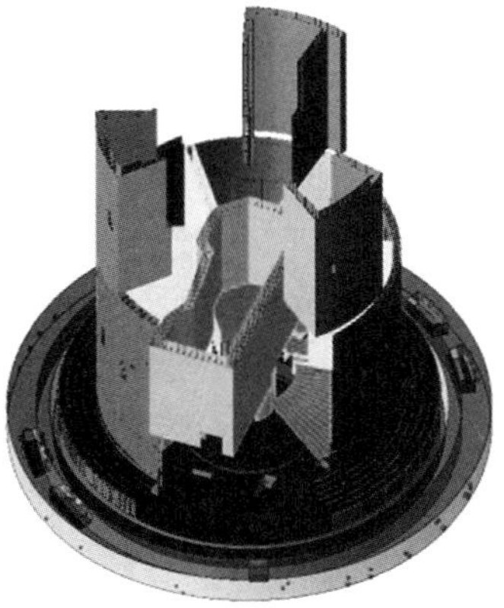

图 3-72　大型结构模块示意图

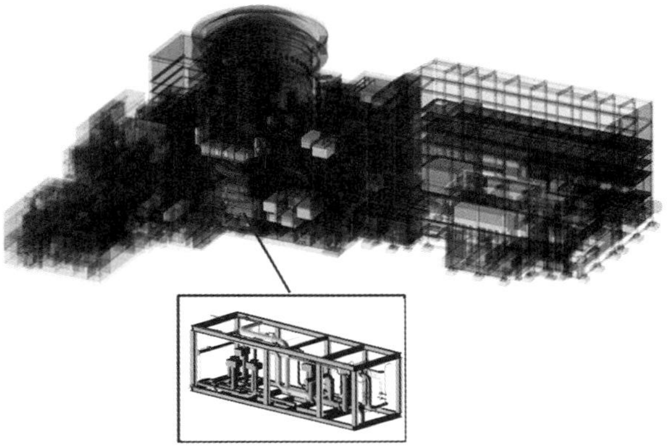

图 3-73　机械模块示意图

采用机械模块化设计，转移了施工现场工作量，以安全壳内为例，50%以上的管道焊接工作在模块预制制造厂中完成，然后运输到现场施工，这样就实现了并行操作，降低了天气等因素对施工进度的不利影响，有助于控制质量，压缩主线工期。目前已完成 67 个机械模块(如图 3-73 所示)的三维设计研发和出图(如图 3-74 所示)工作，预计可节约 40%～50%的现场施工人员。

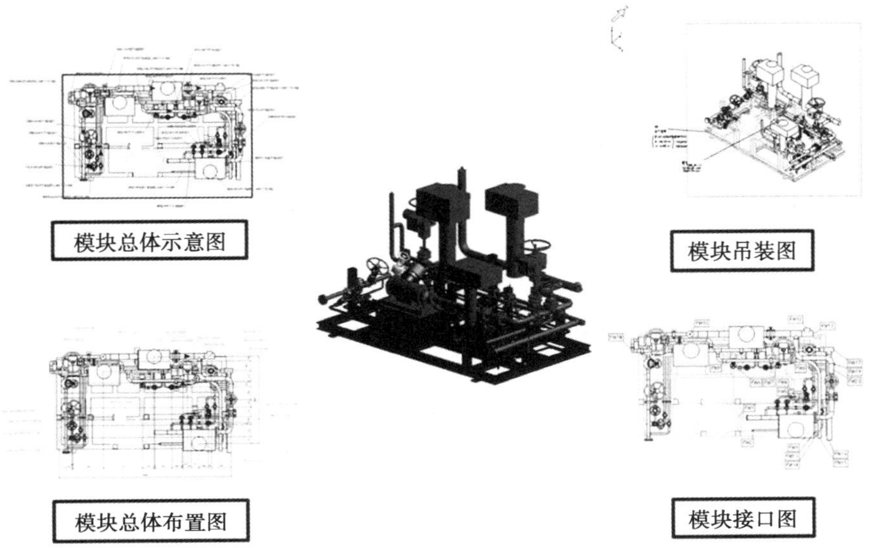

图 3-74　机械模块出图示意

2)模块化综合信息系统

模块化综合信息管理平台由信息管理功能和三维动态显示两个部分组成，基于项目三维设计成果，以模块相关三维模型层次的物理模型为单位，实现三维物理模型与其关联的设计、采购、预制、运输、吊装以及进度等信息集成、数据实时显示和技术文件浏览，同时根据三维模型特定颜色知悉模块设计所处状态。

总体框架如图 3-75 所示。

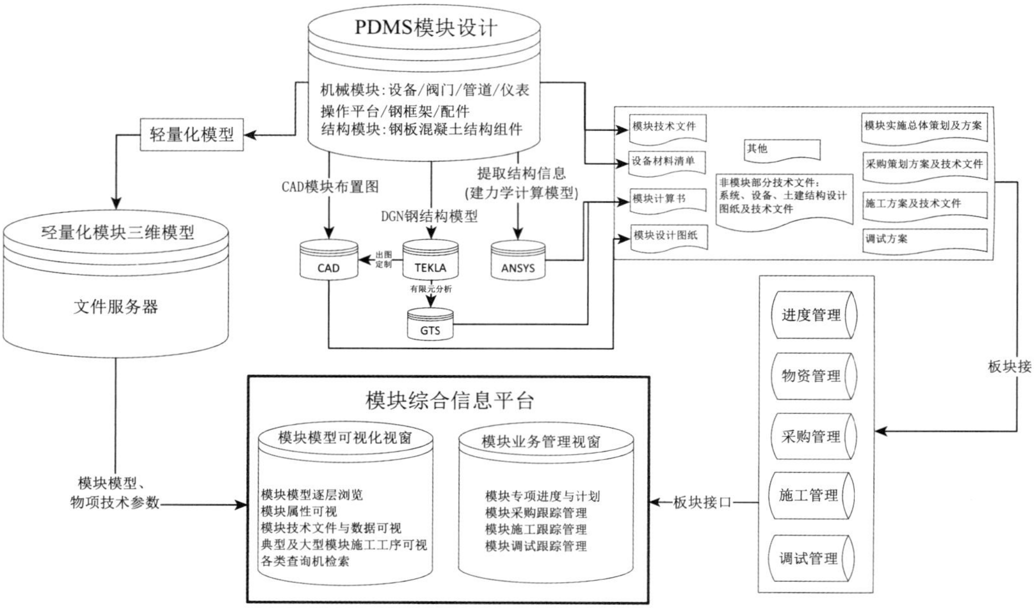

图 3-75 模块化综合信息管理平台架构

①平台数据库构建

模块化综合信息管理平台数据源包含四个部分：

a)轻量化模块模型文件

模块模型文件存储在服务器指定目录，由模块模型自动发布工具定时从 PDMS 导出最新模块模型到该目录。模型文件存储目录结构遵循平台目录树结构的规则存储。

b)模块技术文件、图纸文件

模块技术文件、图纸文件来源于平台上传或接口程序从其他各板块业务系统下载的文件，也是按照文件存储规则存放至服务器指定目录。

c)模块业务数据

模块业务数据包括模块设计、采购、施工、调试数据。这些数据建立对应的关系表结构。

d)系统管理数据

综合信息管理平台系统管理数据，包含用户信息、组信息，权限，系统菜单等数据。

②模块三维模型展示

模块化模型经过轻量化处理后(见图 3-76)，在平台中按照模块模型的层次结构，建立模型树，通过选择对应模型的层次节点，可将该层次的模块模型加载至模型展示区域，实现了模块三维设计模型在 Web 端的轻量化展示；同时，在右侧属性窗口可展示该节点对应设计、采购、施工信息。

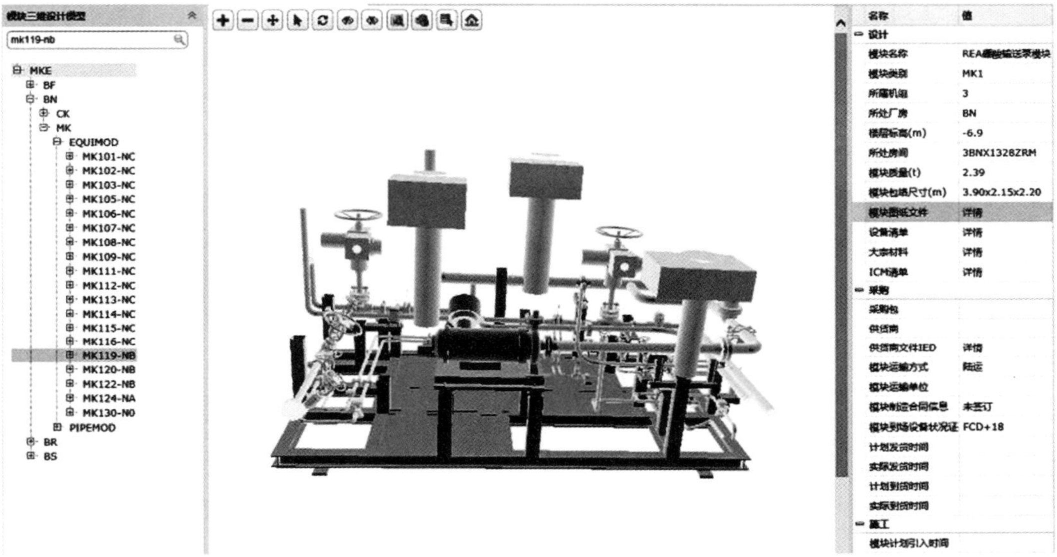

图 3-76　模块轻量化展示

③模块信息综合管理

模块信息综合管理是对模块相关业务数据的集成管理，包括模块清单管理、模块流程管理、模块物资管理(设备清单、大宗材料)、模块作业管理，模块函件管理、模块 ICM 管理及模块 IED 管理七大管理功能。管理功能具备按条件查询、新增、修改、删除、以及批量导入导出 Excel 功能。对于模块各业务板块的数据，通过由各业务板块提供的数据抓取接口，从其他业务板块提取模块相关的业务数据至本平台，实现模块相关业务数据的实时动态化集成管理。

(2)分层按区域平行施工技术

分层按区域施工技术就是以结构楼层为单位，采取土建墙体施工—安装物项引入—楼板及上层墙体施工(下层机电安装等并行施工)，逐层循环往复向上施工直至顶部，示意图见图 3-77。

“华龙一号”核岛厂房分层按区域平行施工方案采用先进建造技术理念，此方案涉及 67 个机械模块、223 台设备、2363 个阀门采用开顶式引入、391 个房间采取分层按区域施工，此项技术未来的应用为建安并行以及调试提前介入创造了条件，可以有效减少现场施工工作量、平抑现场用工高峰。

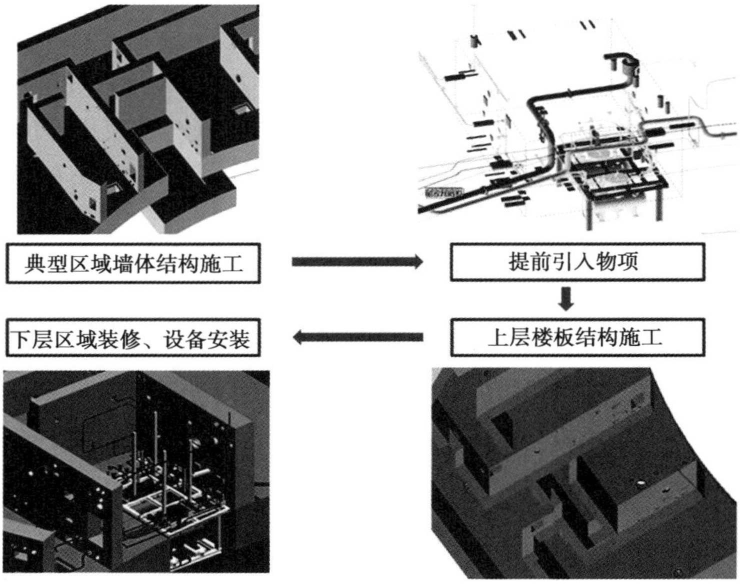

图 3-77　分层按区域施工技术方案示意图

目前“华龙一号”示范项目在某子项实施了钢板混凝土技术，在 ASP 水箱实施了免拆模板模块技术，相信在后续“华龙一号”项目批量化建设中，将根据工程的实际需要逐步加入“华龙一号”先进建造技术的研究成果，实现“华龙一号”再一次飞跃。

3.7.5　管道力学前处理系统研发

力学分析工作，是管道设计中非常重要的环节，该工作影响到设计质量与安全，而管道力学分析前处理环节尤为重要。在管道力学分析工作中，管道力学分析前处理工作主要是根据三维 PDMS 管线模型，建立管道力学分析模型，生成完整的管道力学分析输入文件的全过程，是管道力学分析的主要工作，占据了管道力学分析 70% 的工作量。

当前“华龙一号”项目使用的力学计算软件是 PepS，它由核心计算程序 PipeStress 和前处理/后处理程序 Editpipe 组成。但是设计院缺少一款有效的软件，用来准确快捷的完成力学分析前处理工作，自动生成前处理文件，作为 PepS 的设计输入。采用人工生成前处理文件，单个文件平均耗费 6 h 以上，一个核电项目数千份前处理文件，将花费大量时间，对于核电项目宝贵的设计时间来说，这是不可接受的，而且由人工生成的报告，难免会有疏漏或错误。经过调研，了解到法国某公司研发了一款针对 EPR 堆型的核级管道应力分析软件。该软件具备图形化界面，可直接导入 PDMS 的三维布置模型，进行管道力学的计算分析和评定，能够很好地适用于 EPR 三代核电厂的核级和非核级管道应力分析。但是由于该公司不提供软件的技术转让，设计院无法获取独立使用权。

国外对我们的技术封锁由来已久，但我们并没有因此退缩。面对实际困难，公司当机立断，决定抽调精兵干将，集中火力攻破这堵“技术围墙”。而这个精兵干将的团队，正是由设计院的管道力学分析、三维模型、信息技术等各方面的专家和一线技术能手组成。团队主要从以下三个方面进行研究。

(1)建立标准管道力学分析流程

完成三代核电厂管道应力分析工作任务和工作流程的梳理，制定管道力学正向设计工作流程，如图 3-78 所示。

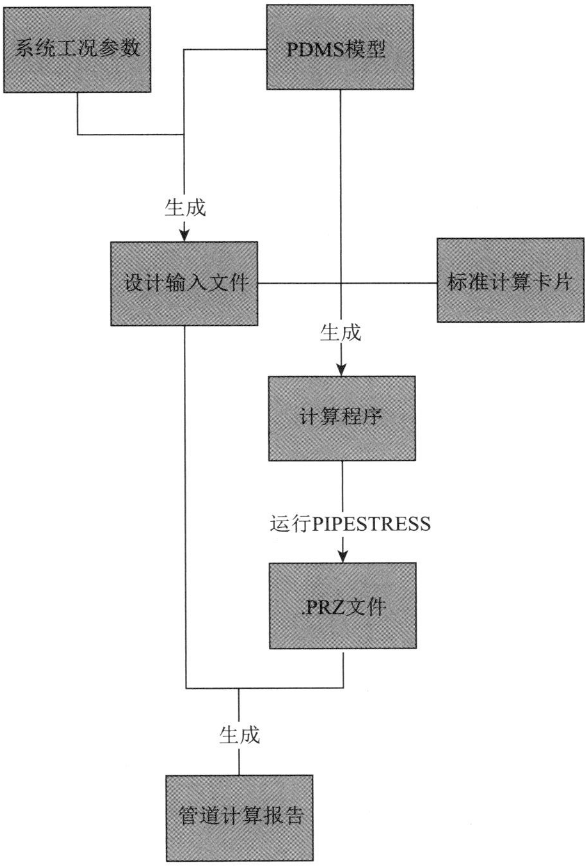

图 3-78　管道力学正向分析流程

(2)建立管道力学分析数据库系统

完成管道力学平台数据库系统创建，开发 5 个数据交换接口工具，包括 PDMS 数据交换接口、基础数据交换接口、PepS 信息交换接口、文件交换接口和用户认证信息接口，实现管道力学分析各环节数据自动传递和集成管理。

(3)管道力学建模及计算自动化

管道力学建模和计算是整个管道力学分析的最为核心、耗时和困难的环节，占据管道力学分析整个流程 70%以上的时间。通过深入研究，自主研发管道力学计算单元自动划分功能、PDMS 模型数据提取与分析、模型数据转换和力学计算输入文件自动生成 3 个功能模块，实现管道力学建模及计算自动化。

历时一年半，团队成员克服了一道又一道的技术难关，研发出对公司具有重大意义的管道力学分析前处理软件——PipeMesh，其工作界面如图 3-79 所示。

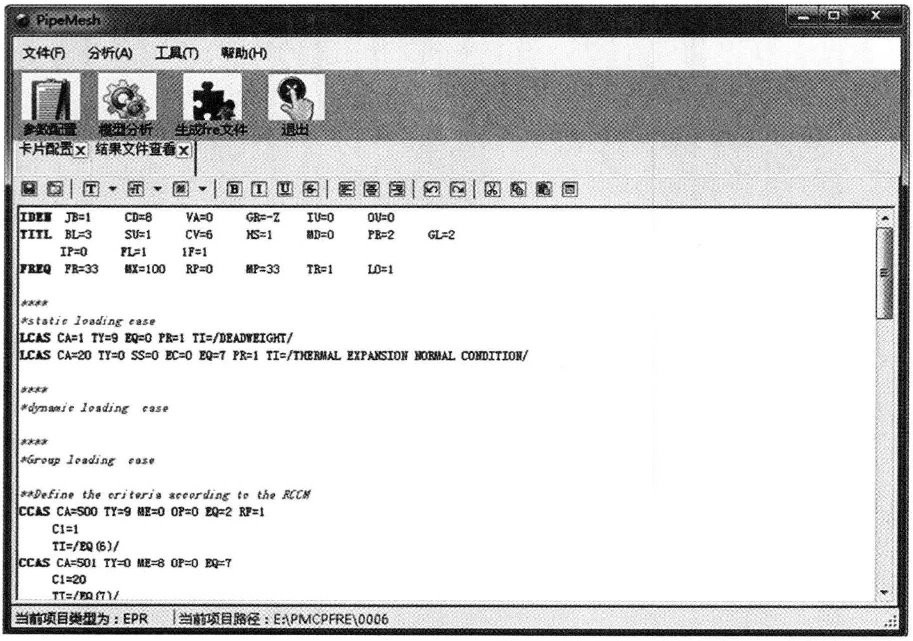

图 3-79 PipeMesh 软件界面

PipeMesh 自问世以来，在“华龙一号”项目进行了深入应用，效果显著，具体体现在：

1)管道力学计算单元自动划分功能：通过自动识别获取 PDMS 模型数据，包括元件连接属性、元件约束属性，结合管道力学计算单元划分原则，自主研发管道遍历算法，实现管道力学计算单元自动划分，以不同颜色显示，然后设计人员选择指定区域，只针对该个单元进行力学分析。该功能显著提高管道计算单元划分效率和质量，与台山 EPR 项目人工划分力学计算单元相比，可将单个计算单元划分时间由 2~3 min，缩减为1~2 s 时间。

2)PDMS 模型数据提取和分析功能：从三维布置设计 PDMS 模型中提取力学所需要的布置模型数据，存放于数据库，同时根据管道力学分析要求，对模型进行分析，包括自动划分节点、建立约束、确认边界点等。

3)模型转换和 PepS 力学计算输入文件自动生成功能：根据提取的 PDMS 布置模型数据，并结合基础数据如反应谱、材料特性、工况参数等，自动生成 PepS 输入文件。

4)增加 RCCM 规范评定和智能化生成管道应力分析报告：根据 RCCM 规范评定要求，开发和增加了对 PepS 计算输出结果的 RCCM 规范的核一二三级管道功能性评定，扩大 PepS 的应用范围，使 PepS 可以有效应用于 EPR 项目管道力学分析。图 3-80 为管道力学建模实例。

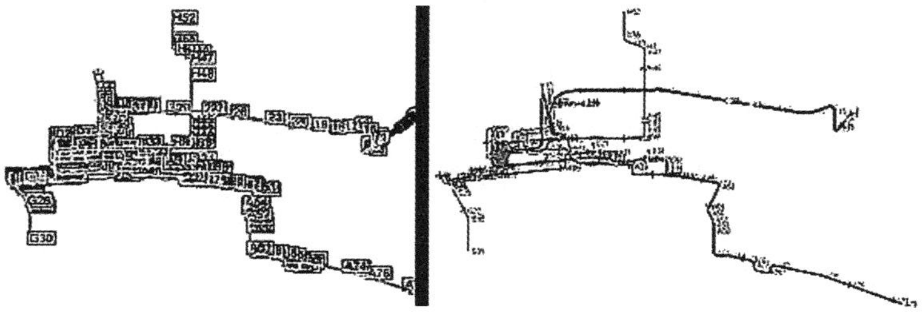

PDMS 布置模型图　　　　自动生成计算文件 PepS 反演图

图 3-80　管道力学建模实例

同时，开发了管道力学分析报告智能化生成功能，显著提高了力学分析报告生成的效率，初步估计可节省力学分析报告生成的 80%时间。这在同类软件中，尚属首次。

PipeMesh 管道力学分析前处理软件的研发，在国内首次实现了管道力学分析各个环节数据的自动关联，国内首次实现了基于 PDMS 管道力学计算单元的自动划分，在行业内首次实现了智能化生成管道力学分析报告，同样也是国内首次实现了基于 PepS 和 PDMS 的管道力学自动建模，同时还取得了一项专利和两项软件著作权。

基于三维协同设计平台的 PDMS 模型，使核电设计众多专业有了统一的底层模型和数据进行协同设计，解决了传统二维设计模式的离散、低效的弊端。PipeMesh 正是以 PDMS 模型为对象进行处理，使管道设计、布置、力学计算等多专业能够高效的协同作业。多年的管道力学分析前处理软件应用充分表明，该管道力学分析具有自动化率高，通用性强的特点，同时使管道力学节点编号更加有序、规范，完全符合管道力学分析人员习惯，显著提高了管道力学前处理的系统友好度，从而显著提高了管道力学的分析效率，尤其是设计校审的效率，显著提高了管道力学分析前处理的效率和质量。该软件的研发和应用，是我们突破外国技术封锁的一次典型案例，也是设计人员自主自强精神的具体体现。

第四章

三维协同设计与管理平台应用成果

4.1　三维协同设计深入人心

在全球三代核电信息化设计应用体系纷繁多杂，竞争激烈的今天，“华龙一号”三维协同设计系统通过自主研发，首堆项目广泛应用验证，形成了一套独有的三维协同设计理念方法，对核电信息化设计模式的发展起到了巨大推动作用。

通过三维协同设计平台及其应用体系的研发与应用，协同近 20 个专业的布置设计相关活动，涵盖核岛、常规岛及工艺系统为主的技术性电厂配套设施(BOP)，完整地建成了“华龙一号”示范项目三维布置数字化工厂，高效地出版了各相关专业的各类标准化施工图，多维度支持示范项目工程建设。

基于三维协同设计平台实现了“华龙一号”示范项目的正向设计，建立了以中广核设计院为主导的产业链协同布置设计体系与管控平台，通过基础数据的统一建设与发布、各专业设计流程的规范封装及其模型数据在线校审、工艺—土建布置接口信息的在线提资与确认、各专业施工图出图工具的标准化定制与应用、各类材料数据的多维度统计与汇总、基于模型数据的分阶段设计移交及工程增值应用，实现了多专业布置设计流程的标准化、专业间接口数据交互的便利化、模型数据质量控制的精细化、各专业基于模型抽图的自动化，显著提升了设计质量，提高了工作效率，为“华龙一号”示范项目设计生产及工程实施的有序推进提供了坚实的保障。同时产生了很好的社会效益。

(1)媒体报道

国务院国有资产监督管理委员会官网(见图 4-1)与人民网均报道了中广核建成我国最大、最完整三维布置协同设计平台，环球网、新浪网、搜狐网、中国新闻网、北极星能源、中证网等网站均有转载报道。对中广核建成我国最大、最完整的三维布置协同设计平台，以及对我国核电行业信息化设计领域做出的贡献表示肯定。

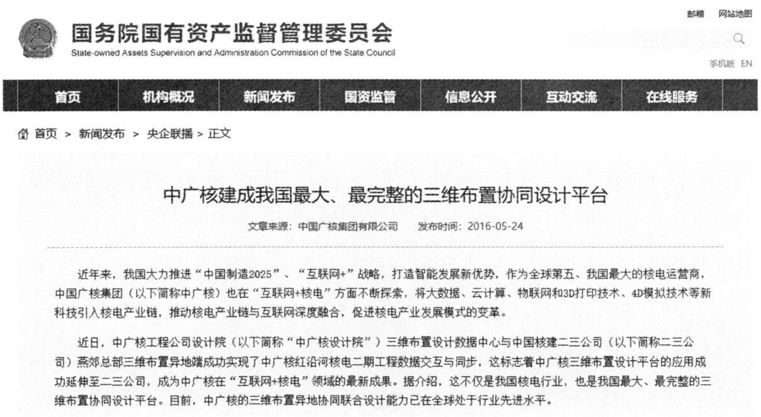
国务院国有资产监督管理委员会
State-owned Assets Supervision and Administration Commission of the State Council
邮箱　网站地图
手机版　EN
首页　机构概况　新闻发布　国资监管　信息公开　互动交流　在线服务
首页 > 新闻发布 > 央企联播 > 正文

中广核建成我国最大、最完整的三维布置协同设计平台

文章来源：中国广核集团有限公司　发布时间：2016-05-24

近年来，我国大力推进“中国制造2025”、“互联网+”战略，打造智能发展新优势，作为全球第五、我国最大的核电运营商，中国广核集团（以下简称中广核）也在“互联网+核电”方面不断探索，将大数据、云计算、物联网和3D打印技术、4D模拟技术等新科技引入核电产业链，推动核电产业链与互联网深度融合，促进核电产业发展模式的变革。

近日，中广核工程公司设计院（以下简称“中广核设计院”）三维布置设计数据中心与中国核建二三公司（以下简称二三公司）燕郊总部三维布置异地端成功实现了中广核红沿河核电二期工程数据交互与同步，这标志着中广核三维布置设计平台的应用成功延伸至二三公司，成为中广核在“互联网+核电”领域的最新成果。据介绍，这不仅是我国核电行业，也是我国最大、最完整的三维布置协同设计平台。目前，中广核的三维布置异地协同联合设计能力已在全球处于行业先进水平。

图 4-1　三维布置协同设计平台媒体报道

（2）科技鉴定

中国自动化学会于2020年4月24日组织网络成果鉴定会，对《核电厂三维布置协同设计平台关键技术研究与应用》项目进行了鉴定。鉴定委员会专家听取了项目承担单位深圳中广核工程设计有限公司的项目成果汇报，认真审查了有关资料，并对成果进行质询，经过讨论形成如下结论：本项目通过自主技术研发，建成了集核电工程异地协同、布置设计、智能出图、材料管理、自动校验等功能于一体的三维布置协同设计应用平台，有效解决了中广核“华龙一号”首堆（防城港二期）项目复杂设计相关难题，是信息化技术进步与设计方式革新、工程管理变革的融合应用。本成果广泛应用于核电工程设计领域，具有良好的推广价值和社会经济效益，整体成果处于国内同行业领先水平，部分成果达到国际先进水平。

（3）社会效益

1）树立品牌形象与示范效应

三维协同设计成果成功入选国务院国有资产监督管理委员会2019年度中央企业信息化应用典型案例，标志着中广核集团在信息化建设转化成生产力的应用上又更进一步，扩大了在中央企业行业的影响力。国资委评价此案例凝聚了中央企业信息化工作的宝贵经验，展现了十八大以来中央企业信息化取得的突出成就和丰硕成果，在中央企业具有广泛的实践基础，具有较强的参考和借鉴意义。

基于三维系统设计体系研发成果，设计院在2015年申报了能源局标准研究课题《压水堆核电厂三维设计技术规定》，将研究成果形成行业标准，进一步向全行业推广。该课题以中广核工程公司牵头，中国核电工程公司、中国核动力研究设计院以及上海核工程研究设计院参与，已于2017年6月顺利通过验收，进一步巩固了中广核在核电三维布置设计领域的优势地位。

本项目的成功实施显著提升了核电设计与工程领域产业链上各单位的协同能力，并推动了数字化设计及相关技术进步，可供相近领域或同行企业借鉴使用。三维布置协同设计平台的先进性与适用性已得到中广核集团内外的广泛好评与高度认可，三维布置协同设计平台在中广核设计院的应用经验，可以复制到核电行业的其他设计单位，并可推广到常规电力设计院及相近行业的工程设计单位。

依托该平台展示的设计能力、形成的项目成果，有效地提升了中广核集团“华龙一号”国家名片的品牌形象，为“华龙一号”GDA/EUR审查、BRB项目落地英国提供了有效支撑。中广核和法国电力集团在伦敦正式签订了英国新建核电项目投资协议，协议约定，GDA、BRB项目将采用“华龙一号”核电技术。中广核携自主三代核电技术挺进英伦，这是我国核电技术走出去的里程碑事件，标识着“华龙一号”技术得到欧洲发达国家的认可。

2）促进核电设计行业健康发展

本项目成果全面应用于“华龙一号”示范项目——防城港二期工程，其布置设计方式完全由三维仿真模型为设计数据载体，在此基础上实现布置相关拓展设计如力学计算，材料统计管理，施工图设计，成功助力示范项目设计关键里程碑的实现，有效保障我国三代核电项目的设计与建设。

本项目成果高效地将项目参与单位整合到同一平台上开展核电厂布置设计相关工作，成功助力示范项目设计关键里程碑的实现，为“华龙一号”后续项目设计推进奠定了坚实基础与良好示范，推动了我国核电行业设计模式由传统“二维设计”向“三维正向设计”的有序发展。

本项目成果显著提升设计数据的可复用率。按批量化设计模式的经验，防城港二期核岛布置设计模型数据用于后续华龙项目的可重复利用率可达 80%，单项目节约人力在 300 人年以上；依托该平台，显著提升核电设计与工程领域产业链上各单位的协同能力，并推动了数字化设计及相关技术进步，可供相近领域或同行企业借鉴使用；基于该平台及其项目设计所形成的数据资产是数字化移交主体，可为“华龙一号”技术路线各核电厂在役改造服务乃至退役技术服务提供较为完备的基础数据，潜在技术价值巨大。

3）合理利用资源，促进人才进步

本项目成果全面应用于“华龙一号”示范项目—防城港二期工程，采用精细化设计，关键物项均要设计三维仿真模型，核电厂各类物项数以亿计，对人才需求量大，在布置设计高峰阶段，中广核积极响应中央号召，为社会各方面中高端人才提供了近 1000 个就业岗位，做到以人为本，提高员工收入，改善员工生活，促进全面发展，为推动社会主义和谐社会建设添砖加瓦。

同时，本项目为人才提供了一个发展的良好平台，建立了一套行之有效的人才培养与资源开发机制，为员工的发展与进步起到了积极作用。通过本项目成果的应用，正向设计各环节员工全方位参与，使自身三维正向设计技术能力得到实战锻炼，积累了大量设计与管理方面的经验，自身能力得到长足进步与成长。另外，通过项目的实施，中广核培养了一批技术过硬、德才兼备、一专多能、作风优良的中基层干部。

4）弘扬核安全文化

本项目设计开发理念严格遵循中广核“安全第一，质量第一”的企业文化，核安全文化始终贯穿在整个项目运行中。本项目在机制上搭建了企业标准–通用程序–项目细则三层应用体系框架，搭建了覆盖布置设计全专业、各层次完整的三维协同设计控制系列程序体系，涵盖设计过程控制、设计质量控制、技术状态管理等要求、各专业三维设计技术要求、各三维设计工作的详细设计说明。通过体制上对决策层、管理层、执行层的限制与推动，形成正确的核安全文化工作态度，保证在工作中核安全文化不是停留在形式上，而是融合、贯穿整个三维布置系统设计活动中，使项目隐患做到在早期设计阶段就发现并消除，降低运行和维护成本。

同时参与项目的每个员工，都是自觉践行核安全文化，积极向各自朋友圈内弘扬我国核安全文化，形成良性循环，提高全民核安全意识与重视程度。

（4）各方面评价

1）国资委评价

2019年，国资委科技创新和社会责任局组织评审并公布了2019年度中央企业信息化应用典型案例，由工程公司设计院提交的“‘华龙一号’三维协同设计与管理平台研发及应用”成功入选。为深入贯彻党中央、国务院部署和要求，总结和推广中央企业信息化优秀经验做法，国务院国有资产监督管理委员会组织开展了2019年度中央企业信息化应用典型案例征集工作。经集团公司评审、推荐、现场答辩环节，工程公司设计院提交的《华龙一号三维协同设计与管理平台研发及应用》从众多候选项目中脱颖而出，成为中央企业信息化应用典型案例之一（全国总共26项），也是中广核唯一一项获此殊荣的项目。本次中央企业信息化应用的顺利评选，标志着集团在信息化建设转化成生产力的应用上又更进一步，扩大了在中央企业行业的影响力。

2）一线工程师评价

经过防城港二期整个项目的磨砺，三维协同设计工作模式与方法已经深入人心，也彻底颠覆了以前行业内对核电设计工作就是参照图纸绘图的刻板认知。

“改一改，这个区域上面有消防喷头，桥架不能布置在喷头下面一定区域范围内”“这样不行，这里有个设备，检修时吊装的，管道不能布置在设备正上方”。在实际设计过程中，由于协同设计规则深入人心，设计过程中的一些禁忌，与其他专业的避让规则都深深地刻在了每一个设计师脑海里，总能听到师傅对徒弟的类似上面指导的话语。

同时在一线工作人员也对辅助设计软件系统根据切身体会给出了评价，摘录了一部分如下。“终于不用对照图纸开孔了，眼睛都快看瞎了，现在用线上提资，你提过来，我点下按钮，一键批量生成孔洞，既高效又准确，提资的过程数据还可以实时追溯，责任清晰，三维设计还真方便”，土建设计一线员工对三维在线提资协同工作方式的评价；“现在用大数据校验工具做模型校核，还真准确，支架两个型钢中间0.5毫米的间隙，它都能帮忙查出来，这人力确实做不到”，暖通一线布置设计人员对大数据校验系统如此评价；“这CRS还真不错，电缆敷设过程和结果均为三维可视化实时显示，操作界面十分友好、操作简单，这可是解决了我设计的难题”，电气一线设计人员对三维可视化电缆自动敷设系统如此评价；“SPOOLER出图就是快，抽出来的图纸基本不用修改，这效率真高！”。管道一线设计人员对智能出图系统如此评价。从最一线工程设计人员的话语中，可以看到三维协同设计模式已经深入人心。

4.2　三维异地协同平台颇具规模

4.2.1　协同平台建设里程碑

“华龙一号”三维布置设计平台经过多年的建设和完善，目前功能已经完善，性能也已稳定，表 4-1 是基于防城港二期项目的“华龙一号”三维异地协同设计平台主要里程碑建设节点。

表 4-1　协同平台建设里程碑列表

2014 年 3 月，核岛厂房三维布置设计平台上线，开展主厂房零点模型建设
2014 年 5 月，核岛 BSX/BFX 厂房完成零点模型建设
2014 年 9 月，核岛模型编校审系统全面上线应用
2014 年 10 月，三维布置设计提资编系统上线应用
2014 年 12 月，常规岛及 BOP 三维布置设计平台建成，开展初步设计工作
2014 年 12 月，核岛反应堆厂房完成 P1 节点三维设计固化
2015 年 4 月，核岛反应堆厂房首层实现 P2 节点三维设计固化
2016 年 5 月，完成平台各子项数据库的补充，完善项目整体结构
2016 年 12 月，完成平台应急演练预案编制
2017 年 2 月，开展平台技术管理优化，实现平台响应性能瓶颈突破
2017 年 3 月，平台延伸部署，完成与北京 C23、WECAN 成都异地协同平台建设
2017 年 4 月，核岛首批模型数据移交北京 C23 端
2017 年 8 月，平台延伸部署至广电院，实现了常规岛厂房模型设计的异地协同
2017 年 8 月，平台延伸部署至防城港现场，为 EC 一体化运作打好了良好的基础
2017 年 11 月，完成基于设计终版和竣工版模型数据管理的数据库拆分与重构方案实施
2018 年 1 月，开展平台数字化模型展示技术研究
2018 年 3 月，平台延伸部署至上海，实现通信、照明、火警等专业设计工作的异地协同
2018 年 11 月，开展北京卫星端平台数据回收，标志着北京联合设计点二次设计工作结束

续表

2019 年 8 月，完成《核电厂三维设计工作导则》企标发布，为核电厂三维布置设计过程及设计方式提供技术指导
2020 年 4 月，完成《三维布置设计平台设置与数据管理规范》企标发布，为标准化平台建设和数据管理工作提供有力的技术指导
2020 年 5 月，完成防二项目 3、4 机组平台拆分，为 3、4 机组竣工模型建设及 4 号机组电缆敷设打好了基础

4.2.2 大型项目全专业三维协同设计

“华龙一号”布置设计平台应用广度从仅核岛、部分专业——核岛、主要 BOP 子项、主要专业——核岛、常规岛、主要 BOP 子项、全部布置设计专业逐步拓展，除了以上厂房和子项，更多子项将被纳入三维布置设计体系范围。应用深度从管道、设备、混凝土结构、钢结构、风管、主托盘和支吊架等主要的设计物项，到小管、次托盘、仪控相关模型、小三箱等二次设计及其他物项，再到照明、通信、火警、房间等空间物项、预埋件等虚拟物项，逐步走向深入和细致。成果服务的对象也从相关布置设计专业本身，延伸到灾害分析、工程量统计、施工管理、在役运维等领域，逐步形成以布置设计数据为核心的核电工程产业链一体化系统(见表 4-2)。

表 4-2 防二项目三维布置设计成果模型统计

模型类别/工具	数量	单位	备注
管道	2.5 万	根	
设备	1.3 万	个	
混凝土	244	厂房・层	
钢结构	140	厂房・层	
风管	4000	根	
托盘	2.5 万	PIPE	
支吊架	9.5 万	个	
电缆敷设	3.6 万余	根(电缆)	
模型数据质量检查	4.2 万余	个(模型对象)	
各专业出图体系	4 万余	张(图纸)	
布置设计提资	14 万	条(数据)	预埋件+孔洞

4.2.3　大型项目异地协同

三维布置异地协同联合设计技术作为公司设计院集成设计能力的重要组成部分，其原理是将抽象的工艺流程在虚拟的空间环境下进行实体化。根据异地协同 GLOBAL 及数据同步方式，公司形成了自己的三维布置设计协同网络。目前已经完成多个项目异地协同设计，项目间设计数据同步，实现了与国内外各个设计分包单位、设备供应商、下游承包商间的协同数据共享及数据安全管控。异地协同联合设计，消除了各设计单位地处不同地点而引起的各类碰撞干涉问题，其最终成果用于生成各专业的、系统而全面的施工图。以设计院为协同中心的 GLOBAL 设计协同网络示意图如图 4-2 所示。

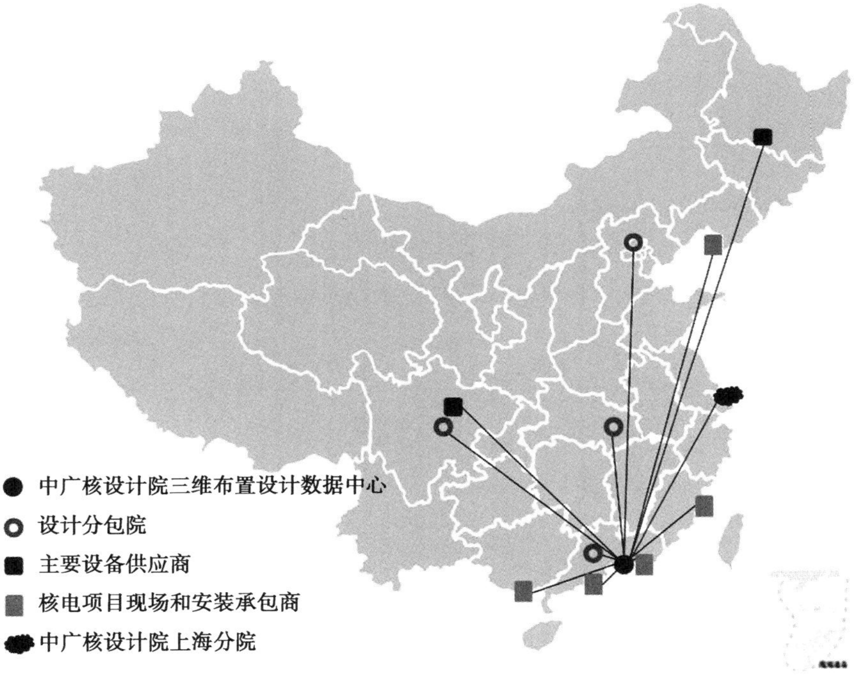

图 4-2　设计院异地协同设计网络国内分布图

与此同时，利用最新的“互联网+”协同技术—Citrix 远程应用技术(见图 4-3)，零散的、数量不多的用户可以通过远程用户访问的方式快速访问 HUB 端的项目平台开展三维布置设计工作，从而使得项目任务与人力调配更加灵活，进一步丰富了项目异地三维协同设计的方式。

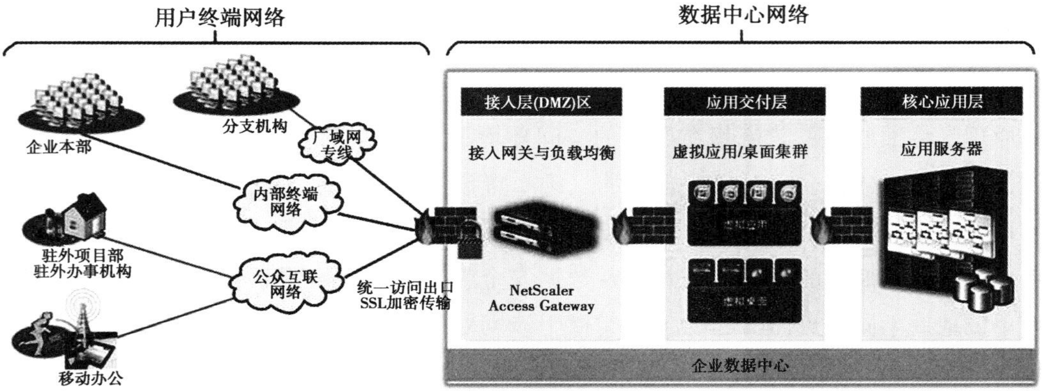

图 4-3　Citrix 远程应用技术示意

4.3　大宗材料管控日趋精细

BMMS是国内核电建设领域首次实现全自主开发的工程物资管理系统，具有完全自主知识产权，处于行业领先地位。该系统已在防城港二期全面实施，并将在后续核电项目全面推广，成为广核工程有限公司大宗材料管理的不二之选。随着BMMS的推广应用，大宗材料管控日趋精细。

（1）实现管道、支吊架、暖通、保温、电缆、桥架、接地、火警通信照明、端接、仪表管阀件等全专业施工图料表数据的管理。以防城港二期为例，该系统维护着22万张施工图的170万条材料表数据，涉及近8000种材料和64个采购包。

（2）实现大宗材料的精确请购。请购单为采购团队提供了精确采购需求，包括材料量、安装进度、库位、安装区域等重要信息。每次升版请购单，最新版施工图材料量的变化和安装进度的变化都固化在新版请购单里，做到有据可查。

（3）实现新增采购量的精确计算。BMMS以实时的请购数据和的材料供应数据为输入，应用材料平衡计算功能自动计算供需偏差，并依据供货周期、最小起订量等数据计算参考下单量，连同安全请购量、总请购量、入库量、在途量等数据一起提供给采购人员，作为确定最终下单量的依据和参考。

BMMS的应用推广使中广核工程有限公司实现大宗材料粗放管理到精益化管理的跨越。该系统可用于材料管理全流程业务，通过闭环控制实现大宗材料管理的有序和可控。该系统为后续多项目大宗材料集约管理创新活动提供了平台架构。该系统在大宗材料精益化管理上发挥着越来越重要的作用，在降低直接采购成本、仓储成本、缺料索赔成本和业务管理成本方面具有相当可观的潜在价值。

4.4 服务工程价值凸显

随着“华龙一号”三维协同设计工作全面铺开，中广核设计院积累了全专业的核电厂正向三维设计数据，除用于常规自动化出图，这些三维数据还为服务于工程的众多数字化附加产品研发提供了数据支撑。多年来，设计院深耕核电工程虚拟仿真相关业务，挖掘数字化三维设计成果潜在工程应用价值，通过引进、消化、吸收虚拟现实及三维数字多媒体前沿技术，结合核电设计、施工、运行、退役等领域日益虚拟化、数字化、智能化需求，研发了多项服务于工程的虚拟仿真系列应用。

(1)数字迭代，提供可视化设计验证手段

作为核电工程建设过程中的龙头环节，设计是核电生命周期的关键阶段。如果去溯源一座建成的核电厂，那么设计工作必将是其中最重要的一环，设计阶段的成果将从源头影响核电机组建设的科学性、准确性以及经济性，因此保证核电工程设计质量是设计人从始至终必须坚持的基本原则。对于把控设计质量而言，对各个专业的设计成果进行验证是十分关键的。

传统的设计验证工作主要是基于基础的设计输入文件、过程文件以及成果文件等，在各专业人员的设计过程中反复对比核查其设计成果的准确性，通过各专业的编校审管理流程也能一定程度上对设计文件进行核查，然而这些手段大多还停留在非数字化的验证阶段，极依赖设计人员的工作经验与专注程度，消耗人力大且效率不高。即便是利用 PDMS 的碰撞检查工具可以自动化批量的检验各专业设计中的干涉问题，但对于类似工艺方案、厂平规划等需要论证其合理性的设计工作而言却难以满足验证需求。三维协同设计平台大大提高了设计效率，同时也为可视化设计验证提供了更多的可行性方案。基于虚拟仿真技术的数字可视化设计验证便是利用电厂三维设计成果数据，等比例搭建电厂的三维虚拟仿真场景，可对工艺方案、厂平规划等设计成果进行仿真验证。

【典型案例——“华龙一号”主设备工艺仿真系统】

“华龙一号”三代核电堆型，在系统配置、工艺与设备设计、厂房布置等方面与 CPR1000 相比均有较大的改进。反应堆压力容器开关盖、燃料装卸、主设备吊装与安装作为核电厂主设备三大关键操作工艺，每个工艺均由若干可运动设备相互协调配合完成相应的功能，操作工艺运行的环境涵盖电厂正常运行、停堆换料、冷热试、安装等不同阶段，涉及的厂房包括反应堆厂房、燃料厂房、龙门架厂房等；涉及物项多、工艺环节复杂，在设计过程中需要全方位的工艺核查，以尽可能地降低工程风险。但是对于设备工艺运动过程中的接口干涉，传统设计方法仅能通过静态二维设计尺寸进行检查，较难有效识别实际运行过程中的接口问题，可能在安装调试甚至在投入运行后才发现工艺问题。同时对于现场施工人员，由于没有参与设计过程，仅能通过设计文件、交底等文字、图纸方式了解上游设计意图，无法形象直观的理解工艺全过程。

反应堆压力容器开关盖、燃料装卸、主设备引入与安装作为核电厂主设备三大关键操作工艺，具有工艺环节复杂、场景物项繁多等特点。项目团队根据工艺特点、正向设计流程、设计院三维仿真工具及技术储备，制定了系统的开发技术路线。结合开发流程路径对待实施的各项任务进行了分解和专项攻关，最终实现了沉浸式核岛主设备关键工艺虚拟现实仿真系统的建设(见图 4-4)。

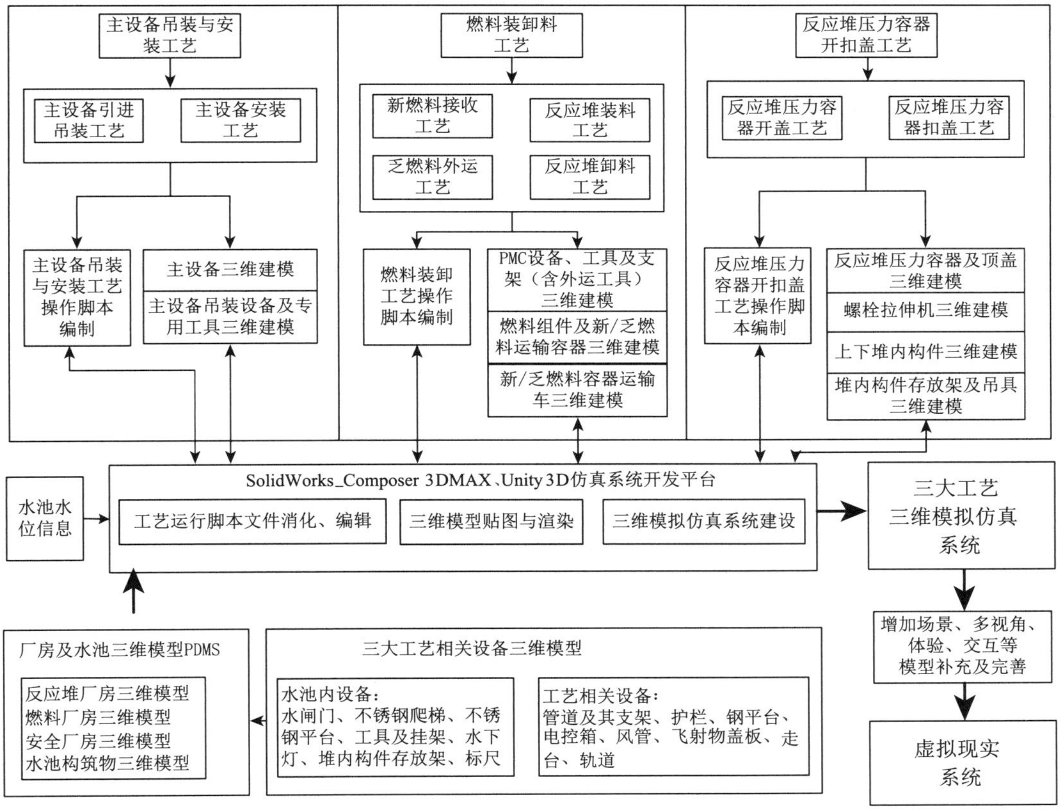

图 4-4 “华龙一号”主设备工艺仿真系统技术路线图

“华龙一号”主设备工艺仿真系统(见图 4-5)建设项目是中广核设计院策划研发的首个“华龙一号”虚拟现实应用，项目团队通过构建动态仿真场景，在设计验证阶段识别并解决了工艺过程中物项干涉、安装吊装空间受限、路径碰撞等技术风险；利用 VR 技术直观、沉浸式交互体验的特点，协助安装人员快速熟悉反应堆压力容器、蒸汽发生器等主设备吊装与安装工艺，配合制定吊装与安装规程。项目成果得到了“华龙一号”项目部、“华龙一号”总工团队、工程公司各业务中心的充分肯定。

图 4-5 “华龙一号”主设备工艺仿真系统

目前，“华龙一号”核电厂主设备关键工艺设计已实现固化，同时在中广核“华龙一号”示范项目中(见图 4-6)，借助主设备工艺仿真系统，实现了反应堆压力容器支承等设备引入及安装过程一次到位，合格率 100%。项目研究成果将继续应用于示范项目及后续“华龙一号”项目。虚拟现实仿真技术在“华龙一号”主设备关键工艺上的成功实施，实现了设计工具的创新发展，巩固了中广核设计院在国内核电行业虚拟现实技术的领先地位，也为“华龙一号”“智能核电”的打造提供了坚实基础。

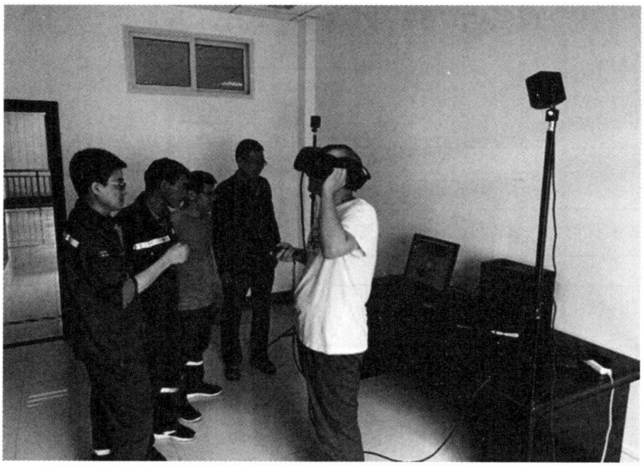

图 4-6 在防城港“华龙一号”示范项目中的应用

(2)虚实融合，现场施工辅助决策支持

虚拟现实技术将人“沉浸”在虚拟场景中去操作虚拟物体，对核电工程前期设计、验证发挥了重要作用，但对工程现场施工阶段作用有限，主要因为是现场作业必须操作实体。例如，核电厂中多数设备存在体积大、结构复杂等特点，在工程建设中需要利用吊车操作来进行装配，这对操作人员的要求极高，需要精确掌握设备的吊装路径和作业顺序等。在现有施工或维修过程中，工作人员往往需要一边参照纸质文件或查看电子手册，一边对照设备进行安装和拆卸。这种方式效率低下，同时受环境影响，出错率高，而且过于依赖工作人员的个人技能和经验。基于混合现实技术在现实环境中融入叠加的虚拟影像，比如提供观察者视野内各部件的参数信息，当前应该执行的操作提示信息、辅助三维物项显示，从而逐步引导人员完成相关施工操作，达到信息增强的目的。

【典型案例——“华龙一号”混合现实仿真系统】

混合现实应用具备实时互动性，核电施工现场物项处于不断的移动变迁中，混合现实应用能够捕捉这些空间上的变化信息，随之改变虚拟信息的增强内容与增强方式，从而为现场人员提供实时的工作指引。同时改善了现场人员技术资料参照方式，强化了指引信息的直观性，尤其是对结构复杂、步骤繁多的设备拆装任务而言，基于混合现实技术的仿真应用能够更好地适应现场工作环境，提供辅助决策支持(见图 4-7)。

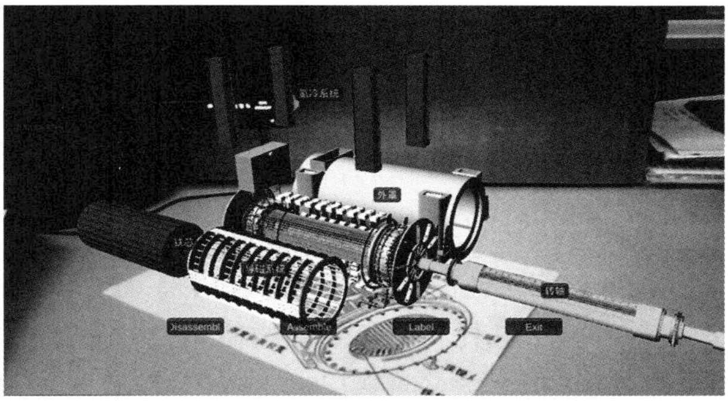

图 4-7 “华龙一号”设备拆装混合现实仿真

“华龙一号”混合现实仿真系统利用混合现实技术和 HoloLens 设备建立虚实结合的展示环境，将虚拟的“华龙一号”的厂房布置和主要系统、设备的三维模型通过混合现实开发融入真实环境中(见图 4-8)。操作人员可以实时的观看真实设备和虚拟设备的叠加图像并进行互动，同时提供设备三维模型的虚拟浏览、拆分、组装、参数查看等操作。虚实结合的混合现实图像，能够有效地辅助施工现场工作人员进行决策。“华龙一号”混合现实仿真系统以虚实结合为主要特点，在主要厂房布置、一回路主要设备、反应堆内部构件等方面给出了信息增强显示的解决方案，通过虚拟的图形、动画、文本信息以及实时交互操作向用户提供一个叠加在真实环境中的数字化辅助指引环境。同时，系统可以通过识别空间环境变化，来呈现与之相匹配的增强指引信息。

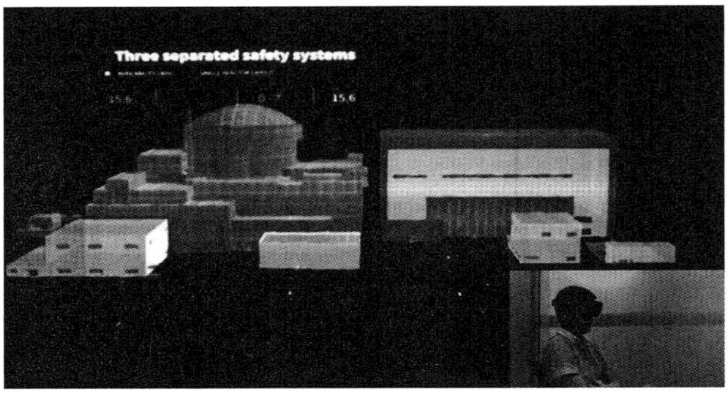

图 4-8 “华龙一号”厂房系统混合现实仿真

作为中广核集团第一款核电工程混合现实应用，“华龙一号”混合现实仿真系统已部署至中广核集团总部中心大楼，并在深圳高交会、国际仪器仪表展等活动中亮相，获得了广泛认可。这也体现了集团在混合现实与数字化仿真领域已形成了丰富的技术储备，成为行业内相关技术的引导者。未来，虚实结合的虚拟仿真应用将更多地应用在核电远程维修、多地联合设计与评审、核电人员实景培训等领域，具有广泛的应用前景。

(3)沙盘推演，运维检修虚拟练兵

在核电机组运行阶段，维护检修是运营单位很重要的一项工作，传统的运维检修工作大多依赖传统技术资料，无法对将要实施的检修工作进行预演，且具有若干缺陷：记忆效率低，核电大多设备检修工艺流程非常细致、繁杂，每一阶段分为众多小步骤，每一个小步骤对应着一系列拆卸工具、设备部件的使用及注意事项等等信息，这些繁杂、枯燥的信息如若全部通过纸质流程图来记忆，不可避免地造成操作人员的记忆困难；不具有直观性，针对较为庞大的设备实施二十至三十年寿期更换。受更换周期限制，新进入这个专业的操作人员有可能十几、二十年都不能参与到一次实际更换项目，对于整个更换流程在脑海中缺乏有效的、直观的认知；不可预见性，针对需要检修更换的设备及零部件，一般存在着许多的改进项，这些改进项的增加，给更换的实施带来一定的碰撞、接口位置匹配等风险，甚至可能会造成重大的损失。

针对以上运维阶段存在的问题，核电系统设备检修相关的模拟系统应运而生。虽然，目前“华龙一号”项目机组尚未建成，还没有面临运行阶段的种种问题，但基于沙盘推演模式的运维检修仿真应用已经成功应用到二代堆型上，并且应用效果十分显著，这对于后续“华龙一号”项目机组的批量推广应用以及数字化、智能化运营管理是十分关键的技术与成果储备。

【典型案例——发电机内定子更换仿真系统】

核电厂发电机内定子更换是一项非常繁重、复杂的工程，需要专业人员严格按照工序操作。目前核电厂发电机内定子更换的培训工作主要依照纸质的培训流程进行，在更换时，操作人员也是依托于制定的纸质的流程规范并参照相关图纸以及操作人员的经验进行。发电机内定子更换仿真系统以核电厂发电机内定子更换工艺流程为基础，利用三维虚拟现实技术，构建发电机内定子的三维模型及虚拟场景，对发电机内定子部件进行交互式模拟操作，并对模拟操作进行预演，直观展示发电机内定子更换工艺流程，用以提高操作人员更换发电机内定子的工作效率和准确度，同时为人员培训与现场工作提供操作指导和风险评估。

系统总体结构设计思路是把整个系统所需要的模型信息数据建立在统一的三维仿真管理平台上，将虚拟场景中的模型网格结构、材质纹理、属性数据等信息有机地组织起来，实现模型与关联数据的有机结合，通过仿真技术手段实现对模型的可视化交互模拟操作以及关联属性信息数据的查阅共享。系统建设涵盖了内定子更换工艺的流程步骤、部件与工具、进度可视化以及辅助信息参考等模块，并在后台建立了虚拟场景模型、信息数据、业务逻辑等数据库，以三层架构相关联来实现仿真模拟功能，具体系统架构如图 4-9 所示。

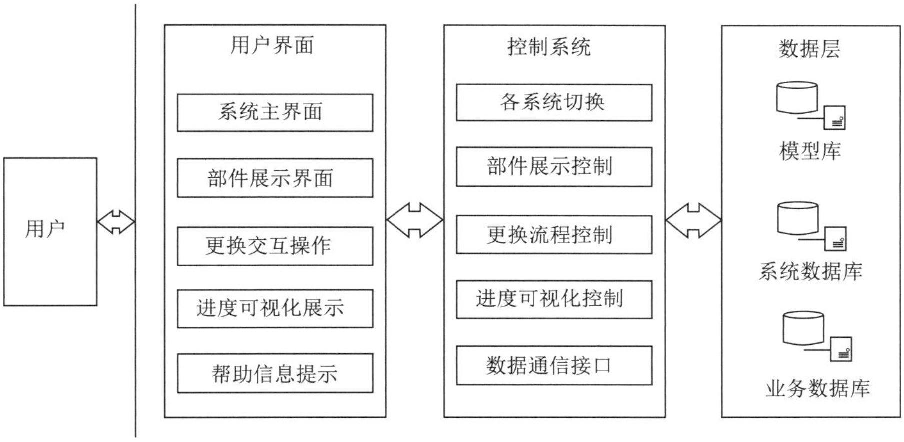

图 4-9　发电机内定子更换仿真系统架构图

在本系统中，实现发电机内定子部件参数展示、内定子更换以及内定子维修进度可视化以及维修方案预演等功能，其中涉及数据的信息查询、交互操作与查看以及与工程数据平台交互通信等。通过三维动态展示，用户能够直观地了解到内定子部件的结构、材料等信息以及设备更换的具体过程。

发电机内定子更换仿真系统利用虚拟仿真技术，搭建核电真实的三维环境，将核电厂发电机内定子更换全过程可视化，并且将各设备部件和使用工具参数信息以及大修进度管理软件数据集成，实现了数据集成化(见图 4-10)；通过虚拟场景内的更换模拟，在三维环境中实现内定子更换的沙盘推演、碰撞检查及空间分析，实现更换方案的验证，以便更好地调整和安排具体更换方案，降低因内定子等设备改进带来的不可预测的风险；直观地提供内定子更换工艺流程的可视化表达，通过可视化方式的指导和培训，技术人员能更便捷、更直观、更准确地掌握核电厂发电机内定子更换全过程，提高现场工作效率和准确度。

图 4-10　发电机内定子更换仿真系统仿真过程

发电机内定子更换仿真系统成功应用于中广核广东省某核电机组大修任务中，为运营大修团队提供了完备的工前预演操作，成功规避了潜在的内定子更换风险，节约了更换成本。

基于三维协同设计平台数字化设计成果，中广核设计院利用虚拟仿真技术研发了一系列的服务于核电工程的附加应用，这些应用及成果广泛延伸至核电工程建设的各个板块以及运营单位，累计实现市场成果转化近5000万元，强有力的诠释了三维协同设计平台及其附加产品在核电数字化设计、建造、运营中所体现的巨大价值与远大前景。

第五章

三维协同设计与管理平台创新展望

5.1　智能化设计

各种新兴技术的出现是社会进步的动力，新兴技术的不断涌现，也给我国的核电设计领域带来了很大的发展机遇。而信息技术更是日新月异，由此而来的数字化协同设计浪潮也滚滚向前。三维协同设计平台在某些功能领域已具备智能化功能特征，如提资信息一键生成实体模型、模型数据自动校验、电缆自动敷设、智能出图等，后续将研发更大范围、更深层次的智能化设计功能。

(1)智能布置。如实现管道智能布置，使工程师布置管道不用逐一元件、逐一管段的创建设计，而是可以通过指定头尾坐标后，自动推荐布置路径，进而实现管道高速建模。同理，风管、桥架布置也都可以如此实现。

利用计算机人工智能技术实现核电厂三维自动布置设计，其主要优势有：可以在极短时间内完成大量复杂运算；可以长时间在有监督、或无监督的情况下重复执行任务；拥有远超人类的记忆力，长久的经验可以被完整保留并在需要时随时调用；可排除情感等主观因素，与人类相比能够更公正、客观地评价可能的设计方案。

智能三维布置设计是一个跨专业多学科综合问题，在数学中属于组合最优化、背包问题、NPC 等问题；在工程上属于概念设计与方案设计问题；在计算机领域涉及图形学、高性能计算、数据结构与算法等问题，至今尚未形成成熟的理论方法，主要困难是：布置问题描述复杂(物理约束、经济约束、生产或安装约束、安全约束及人员操作约束等)、数学建模和求解困难，大规模的组合爆炸问题和工程系统的复杂性问题也难以解决。

目前，我们已经在智能三维布管方面进行了一些尝试与探索，暂只涉及单管路布置，还未涉及多管路和分支管路布置。管道智能布置主要部分就是管道布置路径规划，路径规划前提是有拓扑级的地图，有了地图后还需要对周围环境有深刻的识别。有了环境模型后，根据上游管道系统设计给出的起、终止关系再加上多约束条件下的路径搜索算法就构成了路径规划。

图 5-1 是单管路智能布置的实现逻辑。

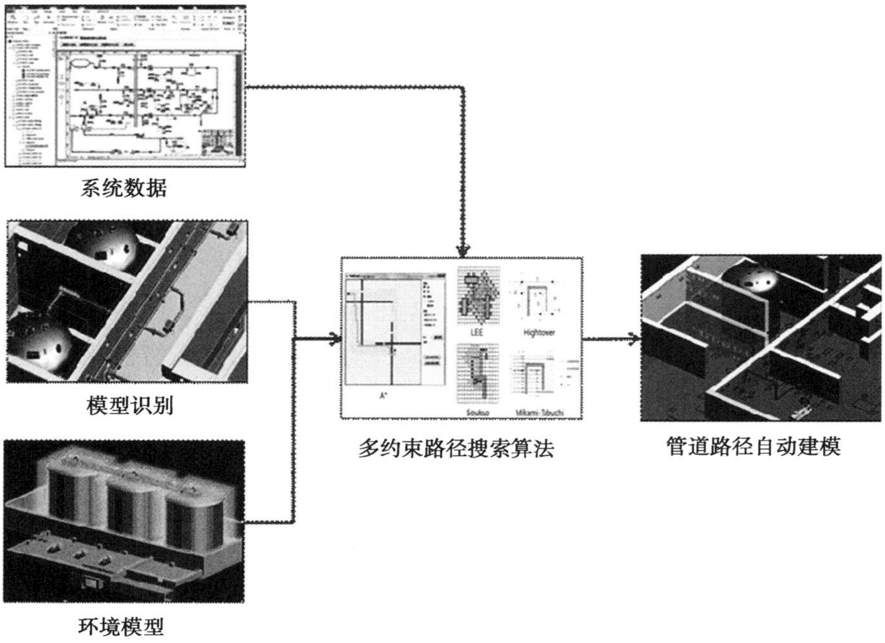

图 5-1　管道智能布置实现逻辑

（2）语音交互及云设计。智能语音交互（见图 5-2）是基于语音输入的新一代交互模式，通过说话就可以得到反馈结果。典型的应用场景-语音助手。自从苹果 iPhone 4s 推出 Siri 后，智能语音交互应用得到飞速发展，为人们生活的各个方面提供方便快捷的服务。随着语音交互技术的发展，未来在核电设计领域，也可以得到应用，届时将彻底解放工程师的双手，摆脱键盘鼠标约束，通过语音控制相关布置设计输入，实时可视化反馈设计结果。

图 5-2　语音交互

基于云计算技术、把造物活动的计划技术和技术过程云整合到资源池，可按照需要分享，也可以进行云评测，优化资源，从而发挥最大的效能。在核电布置设计领域，以核电布置大数据建立云端数据库，设计过程中按系统、按功能推荐区域内工程物项的设计方案，供工程师选用，提升设计效率与水平。

(3)人工智能设计(见图5-3)评价体系。以模型为基石的图纸、材料、工程量、灾害分析结果等文件的参数化、智能化快捷生成功能，结合人工智能自我监督学习算法，对布置区域整体布置成果建立评价体系，作为成果检查和成品发布决策依据，实现真正意义的智慧电厂。

图5-3　人工智能设计

5.2 虚实结合设计

虚拟现实是我国“十三五”信息化规划以来，国家重点推动发展的新兴技术，也是核能行业与“中国制造业2025”体系相融合，打造智能核电应用的重点研发方向。虚拟现实与仿真技术也将作为切入点为核电设计、施工、改造、运维等领域提供越来越多数字化、智能化和全周期的解决方案。

针对三维协同设计应用拓展，虚拟仿真技术是其未来重要的发展方向之一，将对现有设计工作模式的升级起到显著的促进作用。

(1)二维、三维联动增强。虚拟仿真技术为设计人员提供更为便捷直观的设计界面，突破二维图纸与三维模型的联动，增加设计数据与虚拟场景联动机制(见图5-4)，更直观全方位地校验设计成果，检视设计过程。

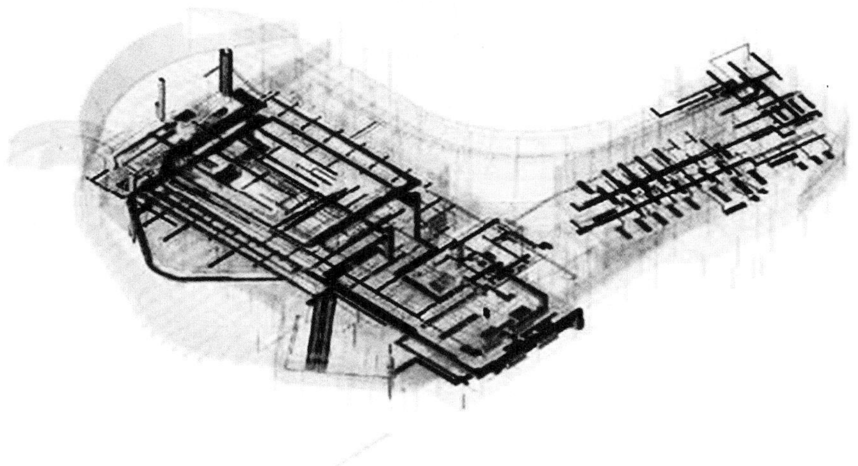

图5-4　三维虚拟场景联动设计

(2)沉浸式设计工具创新。通过智能穿戴设备，让设计人员完全沉浸在等比例的厂房、工艺、系统设备设计环境中(见图5-5)，利用交互设备开展互动设计，最大限度地发挥虚拟现实的沉浸特性，提高设计效率与设计体验。

图 5-5　沉浸式设计环境升级

(3)协同联合设计环境升级。运用混合现实技术，搭建远程异地智能协同设计环境(见图 5-6)，设计人员不再面对办公电脑，利用虚实叠加穿戴设备，实现多人联合交互设计，同时将设计成果远程发布至云端专家系统，进行远程联合校审，提升协同设计效率。

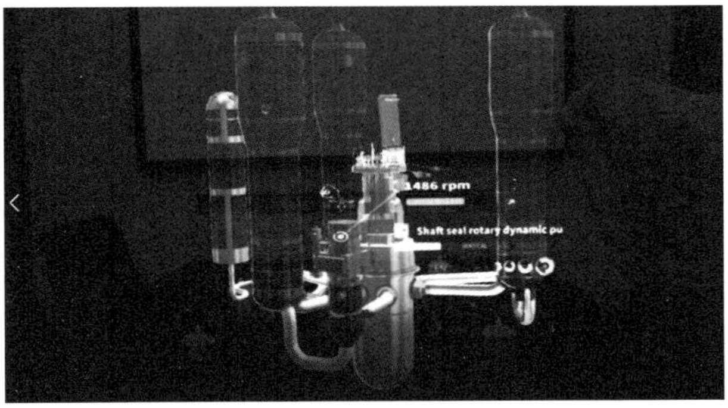

图 5-6　混合现实协同设计模式

(4)工程改造设计方法提升。在工程改造现场，利用虚实叠加技术(见图 5-7)，将改造后的物项信息通过虚拟叠加的方式展示出来，在改造实施之前，提前预览改造效果，并据此迭代改造设计过程，使设计成果更切合工程实际需要，提升改造效果。

图 5-7　工程改造虚实结合设计

未来的三维协同设计平台将远不只作为设计工具，更是核电工程在龙头阶段迭代研发的综合性系统，而虚实结合的设计手段也将成为核电标准化设计生态体系中的重要一环，最终目的便是优化设计流程、提升设计效率、强化设计验证、保障设计质量。

5.3　三维设计成果直接交付与创新应用

(1)施工可视化

施工可视化技术(见图5-8)是三维设计成果向施工板块交付应用的创新，其主要创新点是施工过程脱离二维图纸，直接使用三维设计模型成果指导现场施工。具备空间距离精准测量、三维模型友好剖切、施工进度实时查看等功能。

图 5-8　施工可视化

通过建立配套可视化施工管理平台(见图5-9)，实现核电项目进度管理流程的电子化、可视化、智能化，通过现场施工和信息数据的实时采集和在线自动分析，实现前后台数据联动，可视化呈现现场施工情况。根据现场实际情况，适时进行人工纠偏和动态调整，确保项目推进满足建设要求。

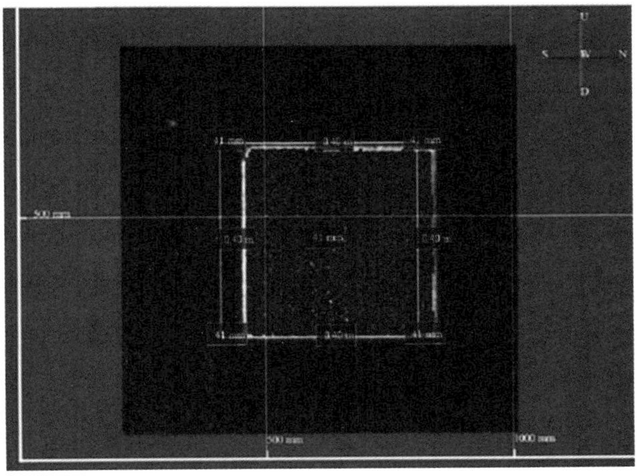

图 5-9　可视化施工管理平台

实现施工可视化需要开展如下技术研究：

1）模型轻量化技术研究：确保核电厂大体量的三维模型能够在普通移动终端设备上顺畅的浏览及操作。

2）模型可视化应用软件开发：模型可视化应用工具应满足用户端的基本需求，如查阅、搜索、标记、碰撞、测量、漫游等功能。

3）施工数据反写三维模型的技术：相对于三维设计成果指导施工，探索或开发施工现场的变更反馈回三维设计模型的途径和方案，快速形成竣工版三维模型成果。

（2）数字化交付

三维数字化核电厂交付是建立一个以三维虚拟电厂模型为基础的集成管理平台，集成核电设计、核电建设、核电安装、核电运行、核电安全、核电退役等各阶段的动态、静态数据，运用三维可视化技术，为企业提供资产信息全生命周期管理，是企业信息管理的扩充应用。

传统的纸质/电子文档交付，信息存储在海量的、非结构化的文件资料中，且没有建立关联关系，业主方在查询利用时，面临诸多难题。

1）多为一次性交付，信息的完整性、准确性无法保障；

2）信息之间孤立、离散、没有关联关系，交叉查询困难；

3）没有标准约束，导致信息使用效率低、更新维护难。

随着技术的进步和发展，信息交付的方式不断向着精细化、数字化方向转变。核电厂数字化电厂以电厂对象为核心、全生命周期管理为理念，集成整合了核电工程设计与建造阶段产生的属性数据、电子文档、三维模型、P&ID 图等，并建立了电厂对象之间的多维度关联关系。业主方借助该数字化电厂，根据电厂运维关键领域需要，充分利用三维可视化、大数据分析、数据集成创新等技术，推进核电从数字化设计与建造，向数字化运维、智能化分析、精益化管理进一步延伸，全面提升核电在役运行效率和安全质量水平。

为顺利实现数字化交付，需开展如下相关工作。

1）制定数字化交付标准：规范和指导工程和业主方开展数据交付工作，明确数据交付的内容范围、编码格式、对象属性定义、质量管理等要求，提升数据交付的质量。

2）研究数字化交付关键技术：包括完善数字化建模技术、优化模型仿真技术、开展虚拟现实技术、实现各软件之间的重组和集成、实现应用工具的开发等。

3）开展数字化交付功能收集：主要包括全厂模型展示、数据源系统集成、各类信息分类管理、快速查找查询和检索、数据浏览、文档管理、智能视图、集中化管理系统等。

4）建设数字化交付平台：用于承载和管理数字化交付信息，可与多种工程软件集成并兼容多种文件格式。

业主方快速接收和利用工程数字化成果，可以据此开展设备管理、模拟检修、设备监控等智能应用，提升机组运行管控效率和安全质量水平。

参考文献

[1] 核电中长期发展规划(2005—2020年).

[2] 晏之敖. 眉间尺：三代核电的总结. 知乎.

[3] 段海波. "正向设计"新解. 知乎.

[4] 吕柯夫. 为什么核电发展需要信息化、数字化来驱动？有什么实际案例？知乎.

[5] 陈健. 追梦-工程数字化技术研发及推广应用的实践与思考. 中国水利水电出版社.